电力应急准军事化管理与实践丛书

电力应急大面积停电处置实务

国网宁夏电力有限公司　编

图书在版编目(CIP)数据

电力应急大面积停电处置实务/国网宁夏电力有限公司编．—武汉：武汉大学出版社，2022.9
电力应急准军事化管理与实践丛书
ISBN 978-7-307-23111-5

Ⅰ.电…　Ⅱ.国…　Ⅲ.停电事故—应急对策　Ⅳ.TM08

中国版本图书馆 CIP 数据核字(2022)第 085614 号

责任编辑:方竞男　章海露　　责任校对:李嘉琪　　装帧设计:吴　极

出版发行：**武汉大学出版社**　(430072　武昌　珞珈山)
(电子邮箱：whu_publish@163.com　网址:www.stmpress.cn)
印刷：武汉雅美高印刷有限公司
开本:720×1000　1/16　印张:11.25　字数:213 千字
版次:2022 年 9 月第 1 版　2022 年 9 月第 1 次印刷
ISBN 978-7-307-23111-5　定价:80.00 元

编审委员会

前　　言

作为大面积停电事件处置的主体力量，电网企业通过大面积停电事件应急演练，可以强化自身对大面积停电事件的风险防范意识和应急意识，促进相关部门、单位掌握应急预案和应急处置流程，增强自身与政府有关部门和单位联合应对大面积停电事件的能力。因此，开展大面积停电事件应急演练是提升电网企业应急能力的必由之路。然而，随着大面积停电事件应急演练的不断开展，诸多问题逐渐暴露了出来。例如，演练设计不契合实际，演练实施难以规范化等，导致演练往往流于形式，成为“面子工程”，很难起到应有的作用。这样不仅使得演练效果大打折扣，还浪费了人力、物力，占用了社会资源。

应急演练管理一直是应急管理研究领域的短板，相关问题研究和成果也鲜有报道。本书立足国家电网有限公司（简称国家电网）扎实推进大面积停电事件应急演练大背景，以应急演练科学管理和规范操作为导向，结合国网宁夏电力有限公司（简称国网宁夏电力）应急管理实践和大面积停电事件应急演练典型案例，从背景、理论基础、具体实践和发展趋势四个方面深入探讨电网大面积停电事件应急演练相关问题：背景方面，结合国内外典型大面积停电事件案例，阐明大面积停电事件的深远危害；通过对我国大面积停电事件相关的法律法规和近年来演练开展情况的分析，总结我国大面积停电事件应急演练的开展情况和存在的问题。理论基础方面，结合电网停电事件处置特点，从策划、设计、实施和评估四个层面建立大面积停电事件应急演练管理方法。具体实践方面，选取宁夏地区省级、地（市）级、县级和政企联合大面积停电事件应急演练典型案例，从策划、设计、实施和评估四个方面进行剖析，以指导同类型大面积停电事件应急演练的开展。在此基础上，针对现阶段大面积停电事件应急演练设计标准的缺失，结合我国大面积停电事件应急演练的发展趋势，提出应急演练标准化构想。

本书由国网宁夏电力和河南理工大学应急管理学院共同策划并组织编写，核心内容由国网宁夏电力演练资料、管理经验和河南理工大学课题研究成果构成，也吸收借鉴了兄弟省（区、市）演练实践和同行研究成果。全书由张韶华、张小兵、郝宗良和扈毅构思、组织编写和统稿审定，国网宁夏电力相关技术骨干和专家、河南理工大学教授执笔撰写，具体分工是：张韶华负责资料组织，编写第一章；张小兵负责总体框架，编写第二、七章；郝宗良负责统稿审定，编写第三、四章；扈毅负责资料梳理，编写第五、六章。李自茂、闫亚清、张帆、张瑞、王远兴、李文冬、杨慧、崔波在书稿资料加工、整理方面做了大量卓有成效的工作。本书也参考了很多专家、学者的研究成果和文献资料，以参考文献形式列于书后。即使如此，仍然挂一漏万，在此一并表示感谢。

本书在编写过程中得到“安全与应急管理”河南省特色骨干学科（群）建设工程资助，在此谨表示衷心的感谢。

国网宁夏电力有限公司

2021 年 11 月

目　　录

第一章 电网大面积停电事件及应急演练概述

一、电网大面积停电事件的危害

电力系统涉及电力生产、传输、分配、使用等环节，是当今世界上最庞大和最复杂的人工实时系统之一，已经成为社会经济正常运行不可或缺的关键环节。而电网作为连接电力生产和传输的桥梁和纽带，任何局部的隐患和故障，如果消除不及时或控制处理不当，都可能导致全局性事件的发生，由此引发的电网大面积停电事件不仅破坏正常供用电秩序，影响社会经济正常运行，还可能导致交通、通信、医疗等基础设施瘫痪，引发次生、衍生事件，严重影响正常生活秩序，甚至危及社会稳定。

电网大面积停电事件是指自然灾害、电力安全事故、外力破坏等造成的区域性电网、省级电网或地(市)级电网大量减供负荷，对国家安全、社会稳定以及人民群众生产、生活造成影响和威胁的停电事件。

电网大面积停电事件的危害主要体现在以下三个方面。

(1)对电网系统的影响。变电系统、用电设备的各级保护装置在输电线路发生意外时易被触发，从而使整个系统瞬间断电，系统内的电网供电电源会出现电压瞬间大幅下降、失压、失电等情况，称为瞬间电压降。瞬间电压降具有不可预见性，一般由用电过载、短路故障或大风、暴雨、大雪、冰雹等自然灾害造成，会对电力设施设备和电力系统的正常运行造成较大影响。

例如，江苏盐城地区 2016 年发生的“6·23”龙卷风冰雹特大灾害给电网系统造成了极大的影响。6 月 23 日下午，江苏盐城市阜宁、射阳等地出现强雷电、短时强降雨、冰雹、雷雨大风等强对流天气，局部地区遭龙卷风袭击，瞬时风力达 17 级，电力设施遭到严重破坏，社会损失巨大。

“6·23”龙卷风冰雹特大灾害导致 500 千伏田都线、徐盐线跳闸(均重合不成)，倒塔 1 基、受损 3 基；4 条 220 千伏线路跳闸(均重合不成)，倒塔 5 基、受损 4 基；8 条 110 千伏线路跳闸(均重合不成，其中 1 条用户线路)，倒塔或受损 24 基；14 条 35 千伏线路跳闸(重合不成 8 条)，倒塔或受损 45 基；46 条 10 千伏线路跳闸(重合不成 32 条)，10 千伏线路倒杆 1267 基，低压 400 伏线路倒杆 2841 基；停电台区

1911个，停电用户13.5万户(主要在阜宁地区，阜宁县总用户数约48万户)，重要用户1户，损失负荷7.35万千瓦(主要在阜宁地区，阜宁县事故发生前负荷约25万千瓦，当天最高负荷53万千瓦)。1座110千伏、3座35千伏变电站全所失电。[①]

(2)随着我们对电力的依赖性越来越强，我们的生活结构也变得越来越脆弱且复杂，一旦发生电网大面积停电事件，整个城市的正常运作就会受到影响，进而引发一系列连锁反应。首先，停电会导致家用电器无法使用、供水泵站停用、电梯停运、交通信号灯失灵等，严重影响我们的衣食住行；其次，停电还会造成工厂生产中断、危化品保护装置失灵，引发一系列次生、衍生事件；最后，停电还会影响学校、医院、生产企业的正常运作。

例如，2014年5月31日20时许至22时许，廊坊市出现雷暴天气，监测风力达到6级，据电力部门介绍，5月31日晚的风暴中，固安县等局部地区出现瞬时极端恶劣天气。20时40分，廊坊市上级电源发生设备损坏，影响"固龙一二回"220千伏线路供电，致使廊坊市大屯、龙河2座220千伏变电站失电，造成城区停电。文安、霸州、固安等地区农村配电网也受到恶劣天气的不同影响。罕见的大停电使廊坊市陷入一片黑暗，并造成路灯及交通信号灯熄灭，引发大规模交通拥堵。大停电造成多个小区上百部电梯停运，数十人被困。人们的正常生活受到严重影响。[②]

(3)如果停电时间过长，整个社会的交通、通信等就会陷入瘫痪状态，工厂无法生产，人们无法正常工作甚至生活，还可能引起居民恐慌、骚乱等，严重影响社会稳定和经济发展。

例如，著名的"巴西大停电"，2009年11月10日，巴西最大的两个城市圣保罗和里约热内卢以及周边地区突然遭遇大停电，停电范围约占巴西国土面积的一半，波及全国18个州，电力供应几乎完全中断。总停电时长约4个小时，11日凌晨电力供应才开始慢慢恢复，导致5000万居民受到影响。两大城市的交通一度严重瘫痪，经济损失惨重。[③]

二、电网大面积停电事件典型案例

1.国外大面积停电典型案例——日本福岛核泄漏导致大停电[④]

(1)事故概况。

2011年3月11日，日本宫城县海域发生9.0级世纪大地震，并引发破坏性极

---

① 数据来源：国家电网，2016年6月24日。

② 案例来源：《齐鲁晚报》。

③ 案例来源：《21世纪经济报道》。

④ 案例来源：国家电网《日本大地震引发的福岛核事故及对电力系统的影响情况通报》，2011年3月31日。

高的海啸，造成了重大人员伤亡和巨额财产损失。截至3月30日，事故已造成11258人死亡，16344人失踪。大地震及其引发的海啸等大规模次生灾害重创日本电力系统。东京电力公司所属福岛第一核电站发生严重核泄漏事故，严重级别可能高达6级，即“严重事故”。

(2)救援过程。

3月11日特大地震及其引发的严重海啸冲击了日本福岛核电站，核电站的控制棒自动推入反应堆，反应堆停止发电。但是，由于反应堆的余热需要通过冷却系统排出，而冷却系统的电源与备用电源在海啸中都遭到破坏，故事故初期无法迅速冷却反应堆，导致反应堆温度上升，堆芯可能出现部分熔毁。

外部应急电源到位后，在注水冷却的过程中压力进一步升高，锆水反应引发氢气爆炸，厂房受损，冷却效果仍旧不理想，而4～6号机组乏燃料池也出现温升情况。

在这种情况下，东京电力公司先后采取了引入海水，以及外部直升机与高压水枪喷水的冷却方式，逐步将反应堆温度控制住，反应堆本身事故不再扩大。之后，在3月18—20日逐步恢复了所有反应堆的外部电源与反应堆堆芯的持续冷却。

(3)后期处置。

此次事故造成日本电力供应紧张，主要影响的供电地区为东京电力公司和东北电力公司所辖区域。

东京电力公司所属核电机组损失负荷近1200万千瓦，地震引发环东京湾火电群不同程度的损失，所属区域损失电源超过2000万千瓦，相当一部分短期内很难恢复。东京电力公司历史最高用电负荷为2001年的6430万千瓦，考虑地震导致东京都、茨城县(汽车城)、千叶县等地的大量工厂停工引起用电需求减少，震后负荷需求3800万～4100万千瓦。东京电力公司震后将面临约1000万千瓦的电力供应缺口，约占负荷需求的26%。

东北电力公司方面，因地震停止运转的发电机组主要包括超过300万千瓦火电机组以及217万千瓦女川核电站机组。灾后负荷需求为1050万千瓦，电力供应缺口为100万千瓦，约占该区域总电力需求的10%。

为应对电力短缺的严峻形势，日本政府、电力企业分别制定了应对措施。日本政府出台了包括增加替代核电的火力发电、扩大企业自行发电、扩大使用天然气等在内的紧急对策，用以增加电力供应，要求相关各方在一个月内抓紧行动并见到成效，降低对企业生产活动造成的影响，消除国内民众因电力不足而日益加重的不安情绪。经日本政府同意，东京电力公司和东北电力公司分别从4月14日和16日开始，在所辖地区实施轮流限电措施。

(4)事故反思。

①电网安全在现代经济社会中极为重要。电力已成为现代社会的“血液”,是社会生产、人民生活不可或缺的重要基础。此次日本的灾难可谓重大,不仅面临自然灾害,还存在核泄漏威胁,电、油、气、水全面短缺的问题。值得指出的是,电力供应短缺是影响救灾及灾后重建的关键因素。此外,日本福岛核泄漏暂时得以稳定,其关键也在于外部稳定电源供应得以修复,从而提供了动力能源持续对反应堆进行冷却。在特大地震灾害这种不可抗力中,大量基础设施严重受损无法避免。但是灾害发生后及时抢修恢复电网设施,对于事故抢险与人们生活保障,以及后续经济恢复,都具有十分重要的意义。

②核电安全是核电发展的生命线。核电安全是实现核电规划发展目标的根本保证,对安全性的高度关注必须贯穿核电设计、建造、运行及退役的全过程。对于我国的核电发展,需要在坚持既有核电战略,满足能源与环境需求的基础上,从核电的技术路线、规模发展节奏与区域布局的考虑中体现对安全性的要求。

在技术路线方面,对所有的现存与未来核电技术进行压力测试将是一堂必修课。日本福岛核电站的海啸防护不够,是造成一系列严重后果的主要原因。未来应对诸如海啸、地震、台风等各种“低概率、高风险”自然灾害的防御标准必然要提高。

在规模发展节奏方面,对核电未来的发展规模与节奏的把握可能会重新考虑。在三代技术尚无运行机组检验的情况下,核电规模发展节奏与技术路线互相影响。若确定了更高等级的安全标准,其节奏将有所放慢,需等待在建先进机型的检验。

在区域布局方面,对厂址的要求更加严格、审慎,除了抗震标准、与居民区距离等将成为更加重要的决策要素外,作为大型稳定的基荷电源,核电站在电力系统运行中与其他机组以及电网间的互相支撑与协调,事故情况下的互相备用也必须成为考虑的因素。

③应加快推进特高压骨干网架和跨区电网建设。日本特大地震造成的影响和损失充分表明,建设一个坚强可靠的电网至关重要。由于网间联络线输送能力不足,东京电力公司在一段时间内仅获得100万千瓦区外电力支援,电力供应严重不足,使抢险救灾工作和民众的生活受到很大的影响。事实证明,电网的规模越大、电压等级越高、网架结构越强、智能化水平越高,其资源配置能力和抵御故障冲击能力越强,供电可靠性和经济性越高。当前,我国应加快建设坚强的智能电网,形成全国强联网格局,进一步扩大西电东送、北电南送规模,才能有效提高电网大范围配置资源的能力,电网内任何一个地区出现重大自然灾害时,都可以立即从全国各地组织电力资源给予强有力的支持。

④应深入推进“一特四大”战略(即通过建设以特高压电网为骨干网架、各级电网协调发展的坚强智能电网,实施输煤输电并举,促进大水电、大煤电、大核电、大型可再生能源发电基地建设,实行大规模远距离输电,在全国范围优化配置能源资源,为经济社会发展提供可持续的电力保障)。立足于我国的资源禀赋状况和基本国情,应对能源供应与气候变化的双重压力,必须进一步优化能源布局,加快建设一批大型坑口电站,提高能源就地加工转化水平并扩大规模,发展更多的高参数、高效率大机组,提高煤炭开发利用效率,并通过集中治理,减少污染排放。同时,要优化调整能源结构,加快开发利用水电,大力发展风电和太阳能发电,逐步提高非化石能源比重。对于核电,从长远来看,仍然是我国常规能源的重要补充,应在确保安全的前提下,稳妥发展核电。日本的核危机警示我们,要依托坚强的电网发展核电,对核电站的选址、建设、调试、运行和退役都要提出更加严格的安全要求,同时加快建立核电相关法律体系,加强核电人才队伍和安全监管体系建设。

电网是煤炭、水能、石油、风能、太阳能等各类能源转化利用的枢纽,也是能源高效配置的平台。在突发重大自然灾害的情况下,电网的作用尤为突出。我国要大力实施“一特四大”战略,只有这样才能真正推动我国能源开发利用方式的变革,建立安全、稳定、经济、清洁的能源供应体系。

⑤要坚持电力统一规划和统一调度。电力系统由发电、输电、用电等多个环节组成,发电、输电、用电瞬间完成。实施电力统一规划是确保电力系统安全和稳定、提高电力系统整体资源优化配置能力和效率、增强抵御自然灾害和外力破坏能力的重要前提。实行电网的统一规划,对于形成分层分区、结构合理、运行灵活、适应性强的网架结构非常重要。实践证明,过去几年国家电网有限公司坚持自上而下的统一规划,是各级电网持续、协调、健康发展的关键,应当继续坚持下去。坚持电力统一调度,是我国电力系统长期安全、稳定运行的重要经验,特别是在突发严重自然灾害的情况下,只有统一调度,统一指挥,才能及时、迅速采取措施,防止事故影响扩大。

⑥构建功能强大、运转高效的应急体系。应急体系建设是应对重特大自然灾害的一项基础性工作。日本特大地震警示我们,要进一步增强应急体系建设的紧迫感,进一步完善极端情况下的应急机制建设,充分考虑可能出现的各种情况,加快建立健全监测预警机制、应急决策和指挥机制、应急信息发布机制、应急装备和物资储备机制等,加强应急救援队伍建设,切实提高应急预案的质量和水平,保证在紧急情况下的统一指挥、快速反应、协调有序、高效运转。另外,在加强应急体系建设的同时,应更加注重普及应急常识,加强应急基础培训,提升全民应急素质,这是加强应急体系建设的重要基础。

2. 国内大面积停电典型案例——深圳"4·10"停电事件[①]

(1)事故概况。

2012年4月10日20时30分左右，深圳部分地区突发停电，涉及福田、罗湖、龙岗等区，时间从十余秒至数十分钟不等，引发交通阻塞、电梯困人、动车暂停等事件，给社会生产、生活造成一定影响，引发媒体广泛关注。事件发生前，深圳电网负荷962万千瓦。4月10日18时44分，500千伏深圳站220千伏深清甲线开关A相爆炸，转供后没有损失负荷；20时30分，隔离故障时因刀闸拉开后B相支柱瓷瓶断裂，导致220千伏水贝变电站和7个110千伏站失压，共损失负荷76万千瓦，负荷损失比例7.9%；停电客户16.8万户，停电客户比例为6.5%。

各区停电时间长短各有不同，福田区皇岗片区停电时间30秒，福田区景田片区部分小区、罗湖区京基100大厦停电时间30分钟，罗湖区蔡屋围附近小区停电时间40多分钟。

城市交通受影响严重，部分商业区被迫暂停营业，多处路段交通信号灯熄灭，并引发局部拥堵，部分地段交通瘫痪。停电造成深圳火车站供电中断，多趟列车晚点，旅客滞留。地铁、医院由于自备电源和应急照明系统较为完善，未受停电影响。

①城市部分地段交通瘫痪。根据深圳市公安局交通警察局指挥处的相关信息，4月10日20时30分左右起，深圳许多路段交通信号灯熄灭，引发局部拥堵。受停电影响区域包括罗湖区田贝、翠竹、黄贝岭、笋岗等片区；福田区八卦岭、深南大道、莲花北、彩田、侨乡等片区；南山区西丽、龙珠片区；龙岗区涉及布吉、坂田、南湾等片区。这些区域的交通信号灯停电时间大多在30～40分钟。此外，受交通状况波及，部分救护车辆、消防车辆的救援工作也受到影响。

②广州火车东站数百名旅客滞留。据深圳火车站介绍，受停电影响，广深线笋岗、深圳火车站于20时29分断电，影响列车运行，D7009次等19趟列车出现3～70分钟晚点。尽管停电事件未对广深高铁造成影响，但因深圳火车站停电，两趟广深动车不敢发车，导致列车晚点20～30分钟，广州火车东站数百名旅客在候车厅滞留。

③多个小区电梯停运，人员被困。4月10日20时30分左右，深圳罗湖、福田、布吉片区发生停电事件，不仅是住宅小区、商业酒楼停电，就连路灯也一并熄灭。随后，京基100大厦、地王大厦、华强北、中心城等深圳多个重点商业片区也停电，华强北商业区被迫暂停营业。突发停电还导致福田、罗湖多个小区电梯停运。停电两小时内，深圳市119共接到496个报警电话，消防部门开展56起电梯救援行

---

① 案例来源：《4·10深圳大面积停电　昨晚深圳大面积停电原因可能是供电设备故障》，大洋网-广州日报，2012年4月11日。

动，其中大部分是人员被困电梯事件。

(2)应急处置。

①政府层面。停电事件发生后，深圳市政府总值班室协调各区政府和市公安局、市交通运输委、市委宣传部等多部门联动，应对停电造成的影响。4 月 10 日 22 时10 分，深圳市政府新闻办发布组负责人在微博公布大致原因，并陆续发布动态信息。但据媒体信息和市民的反映，相关信息发布相对滞后，市民不能第一时间掌握停电原因，心存疑惑和不安。

②中国南方电网有限责任公司(简称南方电网公司)和深圳供电局有限公司(简称深圳供电局)。事件发生后，南方电网公司高度重视，立即启动电网事故应急响应，安排紧急事故限电，并派出专业技术部门负责人员赶赴现场协调处理。深圳供电局第一时间启动应急响应，投入 130 多名抢修人员开展紧急抢修。按照轻重缓急，采取措施优先恢复重要客户用电。经过全力抢修，4 月 10 日 22 时 30 分，损失负荷全部恢复，全市恢复正常供电，未对大亚湾核电站及香港造成影响，有效控制了停电事件的影响。停电事件发生后，市民陆续在微博发布消息，电网抢修工作也随即开始，而深圳供电局未及时对外发布任何消息，直至 22 时 49 分，深圳供电局官方微博才发布了第一条进展信息，此后又陆续发布两条，并且连续三次向公众表达歉意，深圳供电局信息发布相对滞后。

③铁路系统。铁路部门汲取“7・23”甬温线事故教训，首先要求沿线列车紧急停靠待命，先辨明原因再启动备用供电系统，同时积极主动向乘客做好解释工作，火车站维持了良好秩序，乘客较平静并表示理解。

④交通部门。交警局指挥中心临时取消了当晚的专项行动及警力巡逻查车任务，出动近 200 名警力疏导交通，运送 23 台应急发电机到重要路口，恢复交通信号灯运行。4 月 10 日 22 时 30 分以后，交通秩序逐步恢复。

⑤居民及商业客户。停电事件发生后，部分居民及商业区的物业管理部门能够及时启动备用电源，通过强行打开电梯等方式，营救电梯被困人员。一些小区备用电源需要人工启动，切换不及时；部分小区跳闸后未及时进行操作，耽误了供电恢复时间；还有部分小区为节约成本，电梯没有按规定配备应急电源，造成人员长时间被困。

(3)事故反思。

①必须高度重视城市电网的安全。

深圳“4・10”停电事件虽未构成《电力安全事故应急处置和调查处理条例》规定的一般事故，但由于发生在重要城市的核心区，因此对居民生活、市政交通、商业经营等造成较大影响，引起了新闻媒体、社会公众以及监管机构等的高度关注，形成了事实上的突发事件。城市电网供电集中，负荷密度大，党政机关、公用事业、商业场所、高层建筑等重要客户集中，一旦发生大面积停电，将造成重大影响和损失。必须高度重视城市电网的安全，合理规划网架结构和布局，强化配电网建设，深化隐患排查和安全评价。加强电网运行管理，超前考虑电网备用方式，明确负荷转代方案，固化方案执行所需流程、时间。充分利用近年来配网建设成果，制订完善的配电侧负荷互代、快速切改方案，做好大面积停电应对准备工作，确保城市电网安全、可靠供电。

②全面梳理完善大面积停电事件应急预案。

此次事件影响虽大，但其影响和损失控制在一定的范围内，没有造成社会混乱。这其中相关应急预案发挥了重要作用。据了解，深圳供电局有较为完善的应急预案体系，针对每个岗位编制了应急步骤卡，并经常组织开展没有脚本、不定时间的“双盲”演练。近几年，电网应急预案体系建设取得了一定成效，针对现有的大面积停电事件应急处置预案，完善预案对外协调联动部分的内容，明确事件可能涉及的部门和单位，包括政府应急处置综合部门和公安、消防、交通、卫生、商贸、铁路等专业部门，落实相关联系人员和联系方式；增加大面积停电事件情况下，电网企业针对重要用户可以提供的救援措施和帮助等内容。按照重点、一般和县级城市的顺序，全面完成预案的梳理完善工作，并统一组织专项检查，以确保工作取得实效。

③高度重视并切实做好信息发布和舆论引导工作。

事件发生后，相关信息发布相对滞后，市民不能第一时间掌握停电原因，心存疑惑和不安。让公众了解突发事件和解决问题同样重要，发布信息是对公众情绪的安抚，如果没有权威信息，则容易引起公众猜疑、恐慌，甚至产生谣言。一方面，要加强与政府信息联动机制建设，畅通信息报告和发布渠道，明确政府和企业事件信息发布的范围、方式、内容等。另一方面，研究建立故障信息标准答复程序，针对不同类型的故障或事件及其原因、抢修恢复所需要的时间等信息发布内容，通过在线客服平台，告知相关物业，再由物业告知业主，建立电网企业—物业—业主信息沟通渠道。同时，针对当前全民微博时代的信息传播特点，各级相关部门要尽快研究并完善系统各单位官方微博运营事宜。

④大力加强应急联动机制建设。

公用事业的应急能力是决定社会正常运行和稳定的关键因素。我国在2003年“非典”疫情之后，特别是2008年南方雨雪冰冻灾害及“5·12”汶川大地震之后，逐步建立了比较完善的应急体系。深圳在城市管理、应急管理等方面走在全国前列，“4·10”停电事件应急响应总体上及时、得当，但也暴露出供电部门、政府部门信息发布不及时，交通、消防等多部门联动机制有待完善，部分居民社区及商业用户对应急措施不熟悉等问题。下一阶段，大面积停电处理事件要进一步联合政府

部门、电力用户以及其他相关公共服务单位，推动地方政府组织开展重要城市大面积停电联合应急演练，健全与政府部门、电力用户以及公共服务单位等各方应急联动机制。

⑤落实重要用户应急电源配置。

从深圳“4·10”停电事件居民及商业用户的应急响应上看，部分用户尤其是高层建筑电梯应急电源未按照要求配置，造成人员长时间被困，消防部门实施的56起电梯救援行动，大多数与应急电源未配置、配置功率不满足要求或操作人员不会操作等有关。因此，应督促用户按照国家及国家有关部门要求，配置符合标准的应急电源，做好操作人员培训等工作，确保紧急情况下及时发挥作用，减少停电带来的次生影响。

三、电网大面积停电事件应急演练的概念和意义

应急演练是在事先虚拟的事件(事故)条件下，应急指挥体系中各个组成部门、单位或群体的人员针对假设的特定情况，执行实际突发事件发生时各自职责和任务的排练活动，简单地讲，应急演练就是一种模拟突发事件发生的应对演习。实践证明，应急演练能在突发事件发生时有效减少人员伤亡和财产损失，使人们的生产生活迅速从各种灾难中恢复正常状态。这里需要指出的是，应急演练不完全等于应急预案演练，但由于应急演练一般都需要事前制订计划和方案，因此应急演练在某种意义上也可以说是应急预案演练，这个“预案”还包括临时性的策划、计划和行动方案。

1.电网大面积停电事件应急演练的概念

电网大面积停电事件应急演练是指各级人民政府及其部门、企事业单位、社会团体等组织相关单位及人员，依据有关应急预案，模拟应对大面积停电事件的活动，是检验应急预案、完善应急准备、锻炼应急队伍、磨合应急机制和开展应急科普宣教的主要手段。大面积停电事件应急演练作为检验突发事件责任主体应急预案可行性、应急准备全面性、应急机制协调性及应急处置能力的重要途径，越来越受到政府部门、企事业单位和社会团体的重视。

2.电网大面积停电事件应急演练的意义

电网大面积停电事件应急演练作为电力应急管理的重要环节，不仅可以对应急指挥人员和现场处置人员的知识技能和应急处置能力进行培训，还可以对应急预案实现测试和验证，检验电力安全应急机制，从而为电力应急体系建立人员智力保障和技能基础，并促进应急体系的不断完善。

(1)通过演练，检验预案的实用性、可用性、可靠性。大面积停电事件应急演练的开展可以促进应急预案的修订、现场处置方案的完善、应急预案管理的规范，逐

步形成“横向到边、纵向到底、上下对应、内外衔接”的大面积停电应急预案体系，确保科学应对各类大面积停电事故。

(2)检验员工是否明确自己的职责和应急行动程序，以及反映队伍的协同反应水平和实战能力。大面积停电事件应急演练以提升应急实战能力为宗旨，演练过程中，以电网公司应急理论和技能培训为指导，结合大面积停电事故中先期处置、电路抢修、重要客户保电等具体演练科目，“以演代练”检验应急技能培训成效，提高员工避免事故、防止事故、抵抗事故的能力，提高对事故的警惕性，从而促进电网公司应急处置能力建设。

(3)增强电网应急指挥能力。以实战演练为切入点，通过迎峰度夏、自然灾害、外力破坏等大面积停电演练检验电网公司应急指挥中心高清摄像头、应急移动视频终端等应急通信设备运维成效，努力做到信息报送过程中程序规范、响应迅速、指挥准确、跟踪及时、支持有力，从而提高电网协调处置能力。

四、电网大面积停电事件应急演练相关法律法规

电力作为社会公用事业，关系国计民生，而电力安全更关系国家安全、社会稳定和人民生命、财产安全。随着我国电网规模的不断扩大，电网日益复杂，再加上各种自然灾害频发，电网安全受到严重威胁。社会经济发展到当前的阶段，人们对电力可靠性的要求大大提高，一次停电事故可能引发工业、交通、医疗、金融等方面的混乱。

近年来，国内外频发的电力突发事件，对世界各国政府的电力应急管理能力提出严峻挑战，政府对电力公共危机的处理越来越受到社会的关注。为规范生产安全事故应急预案管理工作，迅速、有效处置生产安全事故，我国加强对电力相关法律法规等的制定，通过规范电力行业法律制度，明确规定行为人法律责任的范围、性质、大小、限期等，以及违法行为、违约行为或者法律规定而应承受的某种不利的法律后果，为政府公共管理提供法律支持。

1.国家出台的电网安全相关法律

1995 年 12 月 28 日，第八届全国人民代表大会常务委员会第十七次会议通过《中华人民共和国电力法》，后该法根据 2009 年 8 月 27 日第十一届全国人民代表大会常务委员会第十次会议《关于修改部分法律的决定》进行第一次修正，根据 2015 年 4 月 24 日第十二届全国人民代表大会常务委员会第十四次会议《关于修改〈中华人民共和国电力法〉等六部法律的决定》进行第二次修正，根据 2018 年 12 月 29 日第十三届全国人民代表大会常务委员会第七次会议《关于修改〈中华人民共和国电力法〉等四部法律的决定》进行第三次修正。

2002 年 6 月 29 日，第九届全国人民代表大会常务委员会第二十八次会议通过

《中华人民共和国安全生产法》，后该法根据2009年8月27日第十一届全国人民代表大会常务委员会第十次会议《关于修改部分法律的决定》进行第一次修正，根据2014年8月31日第十二届全国人民代表大会常务委员会第十次会议《关于修改〈中华人民共和国安全生产法〉的决定》进行第二次修正，根据2021年6月10日第十三届全国人民代表大会常务委员会第二十九次会议《关于修改〈中华人民共和国安全生产法〉的决定》进行第三次修正，明确要求生产经营单位应当制定本单位生产安全事故应急救援预案，与所在地县级以上地方人民政府组织制定的生产安全事故应急救援预案相衔接，并定期组织演练。该法的制定是为了加强安全生产工作，减少或防止生产安全事故，保障人民群众生命和财产安全，促进经济社会持续健康发展。

2007年8月30日，第十届全国人民代表大会常务委员会第二十九次会议通过了《中华人民共和国突发事件应对法》，标志着我国突发事件应对工作全面进入法制化轨道，是我国应急管理工作和应急体系建设的里程碑。该法要求县级以上人民政府应当加强专业应急救援队伍与非专业应急救援队伍的合作，联合培训、联合演练，提高合成应急、协同应急的能力。

2.政府出台的电网安全相关行政法规

1987年9月15日，国务院发布《电力设施保护条例》，后根据1998年1月7日《国务院关于修改〈电力设施保护条例〉的决定》进行第一次修订，根据2011年1月8日《国务院关于废止和修改部分行政法规的决定》进行第二次修订。《电力设施保护条例》全文共6章32条，是供电企业开展电力基础建设、加强电力设施保护、规范供用电管理、维护供用电秩序等工作的重要法律法规依据。为保障电力生产和建设的顺利进行，维护公共安全，特制定本条例。条例规定，电力设施受国家法律保护，禁止任何单位或个人从事危害电力设施的行为。任何单位和个人都有保护电力设施的义务，对危害电力设施的行为，有权制止并向电力管理部门、公安部门报告。电力企业应加强对电力设施的保护工作，对危害电力设施安全的行为，应采取适当措施，予以制止。国务院电力管理部门对电力设施的保护负责监督、检查、指导和协调。

1993年8月4日，国务院令第124号发布《核电厂核事故应急管理条例》，后根据2011年1月8日《国务院关于废止和修改部分行政法规的决定》进行修订。其全文共8章42条。为了加强核电厂核事故应急管理工作，控制和减少核事故危害，制定本条例。条例适用于可能或者已经引起放射性物质释放、造成重大辐射后果的核电厂核事故应急管理工作。核事故应急管理工作实行常备不懈，积极兼容，统一指挥，大力协同，保护公众，保护环境的方针。

2005年2月2日，国务院第80次常务会议通过《电力监管条例》，由2005年2

月 15 日国务院令第 432 号公布，自 2005 年 5 月 1 日起施行。《电力监管条例》是为了加强电力监管，规范电力监管行为，完善电力监管制度而制定的条例。条例明确电力监管的任务是维护电力市场秩序，依法保护电力投资者、经营者、使用者的合法权益和社会公共利益，保障电力系统安全稳定运行，促进电力事业健康发展。电力监管应当依法进行，并遵循公开、公正和效率的原则。国务院电力监管机构依照本条例和国务院有关规定，履行电力监管和行政执法职能；国务院有关部门依照有关法律、行政法规和国务院有关规定，履行相关的监管职能和行政执法职能。任何单位和个人对违反本条例和国家有关电力监管规定的行为有权向电力监管机构和政府有关部门举报，电力监管机构和政府有关部门应当及时处理，并依照有关规定对举报有功人员给予奖励。

2007 年 3 月 28 日，国务院第 172 次常务会议通过并经过 2007 年 4 月 9 日国务院令第 493 号公布《生产安全事故报告和调查处理条例》，自 2007 年 6 月 1 日起施行。为了规范生产安全事故的报告和调查处理，落实生产安全事故责任追究制度，防止和减少生产安全事故，根据《中华人民共和国安全生产法》和有关法律，制定本条例。条例在电力安全事故的事故等级划分、事故应急处置、事故调查处理等方面，都根据电力生产和电网运行的特殊性做出了大幅度调整。根据生产安全事故造成的人员伤亡或者直接经济损失，事故一般分为以下等级：特别重大事故、重大事故、较大事故、一般事故。事故报告应当及时、准确、完整，任何单位和个人对事故不得迟报、漏报、谎报或者瞒报。事故发生地有关地方人民政府应当支持、配合上级人民政府或者有关部门的事故调查处理工作，并提供必要的便利条件。

2011 年 6 月 15 日，国务院第 159 次常务会议通过并经过 2011 年 7 月 7 日国务院令第 599 号公布《电力安全事故应急处置和调查处理条例》，自 2011 年 9 月 1 日起施行。为了加强电力安全事故的应急处置工作，规范电力安全事故的调查处理，控制、减轻和消除电力安全事故损害，制定本条例。该条例填补了电力应急处置和调查处理的空白。由于电力安全事故的影响往往是跨行政区域的，同时电力安全监管实行中央垂直管理体制，电力安全事故的调查处理不宜完全按照属地原则，该条例规定了电力安全事故的调查处理由事故发生地有关地方人民政府牵头负责。

2015 年 11 月 13 日，国务院办公厅以国办函〔2015〕134 号印发《国家大面积停电事件应急预案》，2005 年的《国家处置电网大面积停电事件应急预案》同时废止，与十年前的预案相比，2015 年预案的改变主要表现为：

①扩大适用范围，预案适用于我国境内发生的大面积停电事件应对工作。明确“大面积停电事件是指由于自然灾害、电力安全事故和外力破坏等原因造成区域性电网、省级电网或城市电网大量减供负荷，对国家安全、社会稳定以及人民群众

生产生活造成影响和威胁的停电事件”。重点强调了大面积停电事件作为社会突发事件的典型特征，适用范围由原预案规定的“重要中心城市电网”调整为“所有城市电网”。

②细化分级标准，参照《电力安全事故应急处置和调查处理条例》中电力安全事故分级标准，依据电网减供负荷、供电用户停电两个指标，按照事件严重性和受影响程度，将大面积停电事件由原来的Ⅰ级、Ⅱ级两级调整为特别重大、重大、较大和一般四个级别。

③健全应急处置指挥组织体系，指挥机构分为国家、地方政府、企业三个层面。国家层面可成立国务院工作组或国家大面积停电事件应急指挥部，指挥部由发展改革委、中央宣传部、公安部等 27 家部门和单位组成；县级以上地方人民政府要结合本地实际，成立相应组织指挥机构，建立健全应急联动机制；电力企业建立健全应急指挥机构，在政府组织指挥机构领导下开展大面积停电事件应对工作。同时明确，国家能源局负责大面积停电事件应对的指导协调和组织管理工作。

④明确应急响应责任主体，对应事件的四个级别，应急响应设定为Ⅰ级、Ⅱ级、Ⅲ级和Ⅳ级四个等级。事发地人民政府负责本区域事件应对工作。启动Ⅰ级、Ⅱ级应急响应，由事发地省级人民政府负责指挥应对工作；启动Ⅲ级、Ⅳ级应急响应，由事发地县级或市级人民政府负责指挥应对工作。

⑤增加监测预警和信息报告规定，增加了“监测预警和信息报告”章节，提出建立监测预警工作机制，规范预警信息发布、预警行动、预警解除和信息报告工作，明确了地方人民政府电力运行主管部门、国家能源局派出机构、电力企业、重要电力用户相关责任。

3. 相关部门对电网安全的规章制度

1996 年 5 月 19 日，电力工业部令第 5 号发布《供电营业区划分及管理办法》。为划分和管理供电营业区域，依法保障电力供应与经销的专营权，保障向电力用户的安全供电和保护电力用户的合法权益，根据《电力供应与使用条例》第九条规定，制定本办法。办法明确供电营业区是指向用户供应并销售电能的地域。经国家核准的供电营业区是电网经营企业或者供电企业依法专营电力的地域。国家对供电营业区的设立、变更实行许可证管理制度。供电营业许可证由国务院电力管理部门统一印制。跨省电网经营企业、独立省电网经营企业、地方独立电网经营企业、趸购转售供电企业以及兼售电能的地方发电厂都应按照本办法的规定申请供电营业区及供电营业许可证。

1999 年 3 月 18 日，国家经济贸易委员会、公安部令第 8 号发布《电力设施保护条例实施细则》。实施细则规定，电力管理部门、公安部门、电力企业和人民群众都有保护电力设施的义务，各级地方人民政府设立的由同级人民政府所属有关部门和电力企业(包括电网经营企业、供电企业、发电企业)负责人组成的电力设施保护领导小组,负责领导所辖行政区域内电力设施的保护工作,其办事机构设在相应的电网经营企业,负责电力设施保护的日常工作。

2004 年 12 月 28 日,国家电力监管委员会令第 4 号公布《电力生产事故调查暂行规定》,自 2005 年 3 月 1 日起施行。为了及时报告、调查、统计、处理电力生产事故,规范电力生产事故管理和调查行为,制定本规定。本规定适用于中华人民共和国境内的电力企业。

2005 年 9 月 28 日,国家电力监管委员会主席办公会议通过《电力市场监管办法》,自 2005 年 12 月 1 日起施行。全文共 9 章 40 条。为了维护电力市场秩序,保证电力市场的统一、开放、竞争、有序,根据《电力监管条例》和有关法律、行政法规,制定本办法。本办法适用于中华人民共和国境内的电力市场监管。国家电力监管委员会履行全国电力市场监管职责。国家电力监管委员会区域监管局负责辖区内电力市场监管工作。国家电力监管委员会城市监管办公室协助区域电力监管局从事电力市场监管工作。电力市场监管依法进行,并遵循公开、公正和效率的原则。电力市场主体、电力调度交易机构应当自觉遵守有关电力市场的法规、规章。任何单位和个人对违反本规定的行为有权向电力监管机构举报,电力监管机构应当及时处理,并为举报人保密。

2005 年 11 月 9 日,国家电力监管委员会主席办公会议通过《电力监管信息公开办法》,自 2006 年 1 月 1 日起施行。为了保障电力投资者、经营者、使用者和社会公众的知情权,规范电力监管信息公开行为,根据《电力监管条例》和国家有关规定,制定本办法。本办法所称电力监管信息,是指国家电力监管委员会及其派出机构在履行电力监管职责过程中制作、获得或者拥有的文件、数据、图表等。国家电力监管委员会负责全国电力监管信息的公开。国家电力监管委员会派出机构负责辖区内电力监管信息的公开。

2006 年 10 月 26 日,国家电力监管委员会主席办公会议通过《电网运行规则(试行)》,2006 年 11 月 3 日经国家电力监管委员会令第 22 号公布。该规则分总则,规划、设计与建设,并网与互联,电网运行,附则,共 5 章 50 条,自 2007 年 1 月 1 日起施行。为了保障电力系统安全、优质、经济运行,维护社会公共利益和电力投资者、经营者、使用者的合法权益,根据《中华人民共和国电力法》《电力监管条例》和《电网调度管理条例》,制定本规则。规则明确电网运行坚持安全第一、预防为主的方针。电网企业及其电力调度机构、电网使用者和相关单位应当共同维护电网的安全稳定运行。电网运行实行统一调度、分级管理。电力调度应当公开、公平、公正。本规则所称电力调度,是指电力调度机构对电网运行进行的组织、指挥、指导和协调。国家电力监管委员会及其派出机构依法对电网运行实施监管。本规则

适用于省级以上调度机构及其调度管辖范围内的电网企业、电网使用者和相关规划设计、施工建设、安装调试、研究开发等单位。

2007年4月10日，国家电力监管委员会令第24号公布《电力可靠性监督管理办法》，自2007年5月10日起施行。为了加强电力可靠性监督管理，保障电力系统安全稳定运行，根据《电力监管条例》，制定本办法。2022年4月16日，国家发展改革委公布《电力可靠性管理办法(暂行)》，自2022年6月1日起施行，代替《电力可靠性监督管理办法》。

2009年4月1日，国家安全生产监督管理总局依据《中华人民共和国突发事件应对法》《中华人民共和国安全生产法》等法律和国务院有关规定制定《生产安全事故应急预案管理办法》，自2009年5月1日起施行。办法规定安全生产监督管理部门要定期组织应急预案演练，并对未按规定开展演练的部门进行处罚。后该办法进行多次修订。

2009年11月26日，国家电力监管委员会发布《供电监管办法》，自2010年1月1日起施行。为了加强供电监管，规范供电行为，维护供电市场秩序，保护电力使用者的合法权益和社会公共利益，根据《电力监管条例》和国家有关规定，制定本办法。国家电力监管委员会依照本办法和国家有关规定，履行全国供电监管和行政执法职能。国家电力监管委员会派出机构负责辖区内供电监管和行政执法工作。供电监管应当依法进行，并遵循公开、公正和效率的原则。供电企业应当依法从事供电业务，并接受国家电力监管委员会及其派出机构的监管。供电企业依法经营，其合法权益受法律保护。本办法所称供电企业是指依法取得电力业务许可证、从事供电业务的企业。任何单位和个人对供电企业违反本办法和国家有关供电监管规定的行为，有权向电力监管机构投诉和举报，电力监管机构应当依法处理。

2012年6月13日，国家电力监管委员会令第31号公布《电力安全事故调查程序规定》，该规定共37条，自2012年8月1日起施行。为了规范电力安全事故调查工作，根据《电力安全事故应急处置和调查处理条例》和《生产安全事故报告和调查处理条例》，制定本规定。国家电力监管委员会及其派出机构组织调查电力安全事故，适用本规定。国务院授权国家电力监管委员会组织调查特别重大事故，国家另有规定的，从其规定。

2013年2月28日，国务院国有资产监督管理委员会令第31号公布《中央企业应急管理暂行办法》。为进一步加强和规范中央企业应急管理工作，提高中央企业防范和处置各类突发事件的能力，最大限度地预防和减少突发事件及其造成的损害和影响，保障人民群众生命和财产安全，维护国家安全和社会稳定，根据《中华人民共和国突发事件应对法》、《中华人民共和国企业国有资产法》、《国家突发公共事件总体应急预案》、《国务院关于全面加强应急管理工作的意见》(国发〔2006〕24号)等有关法律法规、规定,制定本办法。办法规定,突发事件是指突然发生,造成或者可能造成严重社会危害,需要采取应急处置措施予以应对的自然灾害、事故灾难、公共卫生事件和社会安全事件。中央企业应急管理是指中央企业在政府有关部门的指导下对各类突发事件的预防与应急准备、监测与预警、应急处置与救援、事后恢复与重建等活动的全过程管理。中央企业应急管理工作应依法接受政府有关部门的监督管理。

2013 年 6 月 30 日,国家能源局依据《中华人民共和国突发事件应对法》《中华人民共和国放射性污染防治法》《核电厂核事故应急管理条例》《放射性物品运输安全管理条例》《国家突发公共事件总体应急预案》和相关国际公约等,修订《国家核应急预案》。

2014 年 8 月 1 日,《电力监控系统安全防护规定》经国家发展和改革委员会主任办公会审议通过,由国家发展和改革委员会令第 14 号公布,自 2014 年 9 月 1 日起施行。为了加强电力监控系统的信息安全管理,防范黑客及恶意代码等对电力监控系统的攻击及侵害,保障电力系统的安全稳定运行,根据《电力监管条例》《中华人民共和国计算机信息系统安全保护条例》和国家有关规定,结合电力监控系统的实际情况,制定本规定。

2015 年 2 月 17 日,《电力安全生产监督管理办法》经国家发展和改革委员会主任办公会审议通过,由国家发展和改革委员会令第 21 号发布,自 2015 年 3 月 1 日起施行。为了有效实施电力安全生产监督管理,预防和减少电力事故,保障电力系统安全稳定运行和电力可靠供应,依据《中华人民共和国安全生产法》《中华人民共和国突发事件应对法》《电力监管条例》《生产安全事故报告和调查处理条例》《电力安全事故应急处置和调查处理条例》等法律法规,制定本办法。本办法适用于中华人民共和国境内以发电、输电、供电、电力建设为主营业务并取得相关业务许可或按规定豁免电力业务许可的电力企业。

2015 年 4 月 1 日,国家发展和改革委员会令第 23 号公布《水电站大坝运行安全监督管理规定》。该规定分总则、运行管理、定期检查、注册登记、监督管理、法律责任、附则,共 7 章 46 条,自 2015 年 4 月 1 日起施行。

2015 年 8 月 18 日,国家发展和改革委员会令第 28 号公布《电力建设工程施工安全监督管理办法》,自 2015 年 10 月 1 日起施行。为了加强电力建设工程施工安全监督管理,保障人民群众生命和财产安全,根据《中华人民共和国安全生产法》《中华人民共和国特种设备安全法》《建设工程安全生产管理条例》《电力监管条例》《生产安全事故报告和调查处理条例》,制定本办法。

2016 年 8 月 5 日,国家能源局综合司为深入贯彻落实《国家大面积停电事件应

急预案》和《国家发展改革委办公厅关于做好国家大面积停电事件应急预案贯彻落实工作的通知》(发改委能源〔2016〕201号),指导省级人民政府开展大面积停电事件应急预案的编制工作,编制并印发《大面积停电事件省级应急预案编制指南》。

2018年7月30日,国家能源局为全面加强电力行业应急能力建设,进一步提高电力突发事件应对能力,制定并印发了《电力行业应急能力建设行动计划(2018—2020年)》。

2019年10月28日,中华人民共和国应急管理部和国家能源局下发《应急管理部 国家能源局关于进一步加强大面积停电事件应急能力建设的通知》(应急〔2019〕111号)。

2020年6月12日,国家能源局印发《电力安全生产专项整治三年行动方案》,决定在全国范围内开展电力安全生产专项整治三年行动。方案要求,各有关单位要积极推进安全生产标准化、安全文化、班组安全、应急能力建设,深入开展电网、发电、大坝、工程和网络安全问题整治,保障电力行业安全、健康、高质量发展。

4.电力行业企业相关规定

(1)《中华人民共和国安全生产法》。

第八十一条规定,生产经营单位应当制定本单位生产安全事故应急救援预案,与所在地县级以上地方人民政府组织制定的生产安全事故应急救援预案相衔接,并定期组织演练。

第九十七条规定,生产经营单位有下列行为之一的,责令限期改正,处十万元以下的罚款;逾期未改正的,责令停产停业整顿,并处十万元以上二十万元以下的罚款,对其直接负责的主管人员和其他直接责任人员处二万元以上五万元以下的罚款:……未按照规定制定生产安全事故应急救援预案或者未定期组织演练的。……

(2)《生产安全事故应急预案管理办法》也提出企业要定时组织开展演练并进行评估,具体条例如下。

第三十三条规定,生产经营单位应当制定本单位的应急预案演练计划,根据本单位的事故风险特点,每年至少组织一次综合应急预案演练或者专项应急预案演练,每半年至少组织一次现场处置方案演练。

第三十四条规定,应急预案演练结束后,应急预案演练组织单位应当对应急预案演练效果进行评估,撰写应急预案演练评估报告,分析存在的问题,并对应急预案提出修订意见。

第四十四条规定,生产经营单位有下列情形之一的,由县级以上人民政府应急管理等部门依照《中华人民共和国安全生产法》第九十四条的规定,责令限期改正,可以处五万元以下罚款;逾期未改正的,责令停产停业整顿,并处五万元以上十万元以下罚款，对直接负责的主管人员和其他直接责任人员处一万元以上二万元以下的罚款：未按照规定编制应急预案的；未按照规定定期组织应急预案演练的。

(3)《国家电网应急预案评审管理办法》规定应急职能管理部门为应急预案评审的管理部门。该办法是为了规范国家电网突发事件应急预案评审的管理，不断完善应急预案体系，增强应急预案的科学性、针对性、实效性，实现相关应急预案之间的衔接，提高应急管理和处置能力而制定。

(4)国务院国有资产监督管理委员会令第31号《中央企业应急管理暂行办法》规定了国务院国有资产监督管理委员(简称国资委)对中央企业的应急管理工作履行监管职责。

第六条规定，国资委对中央企业的应急管理工作履行以下监管职责(本办法所称中央企业，是指国资委根据国务院授权履行出资人职责的国家出资企业)：指导、督促中央企业建立完善各类突发事件应急预案，开展预案的培训和演练。指导、督促中央企业参与社会重大突发事件的应急处置与救援。

①该办法明确了“牵头管理、分工负责”的管理机制。要求中央企业设置或明确应急管理综合协调部门和专项突发事件应急管理分管部门，应急管理综合协调部门负责组织企业应急体系建设，组织编制企业总体应急预案，组织协调分管部门开展应急管理日常工作。在跨界突发事件应急状态下，负责综合协调企业内部资源、对外联络沟通等工作。应急管理分管部门负责专项应急预案的编制、评估、备案、培训和演练，负责专项突发事件应急管理的日常工作，分管专项突发事件的应急处置。

②强调中央企业的社会责任。要求中央企业在做好自身救援的同时，认真履行社会救援的责任。在当地人民政府的领导和有关部门的监督指导下，发挥自身专业技术优势，配合当地人民政府开展应急抢修救援等工作，积极提供电力、通信、交通等救援保障和食品、药品等生活保障。

③突出了联动机制的建设。要求中央企业加强与地方人民政府及其相关部门应急预案的衔接工作，建立政府与企业之间的应急联动机制，统筹配置应急救援组织机构、队伍、装备和物资，共享区域应急资源。加强与所在地人民政府、其他企业之间的应急救援联动，有针对性地组织开展联合应急演练，充分发挥应对重大突发事件区域一体化联防功能，提高共同应对突发事件的能力和水平。

(5)2014年7月2日，国家能源局以国能安全〔2014〕317号印发《电力行业网络与信息安全管理办法》。该办法分总则、监督管理职责、电力企业职责、监督检查、附则共5章22条，自发布之日起实施，有效期5年。2007年12月4日国家电力监管委员会发布的《电力行业网络与信息安全监督管理暂行规定》(电监信息〔2007〕50号)予以废止。

第六条规定，电力企业是本单位网络与信息安全的责任主体，负责本单位的网络与信息安全工作。

第七条规定，电力企业主要负责人是本单位网络与信息安全的第一责任人。电力企业应当建立健全网络与信息安全管理制度体系，成立工作领导机构，明确责任部门，设立专兼职岗位，定义岗位职责，明确人员分工和技能要求，建立健全网络与信息安全责任制。

第八条规定，电力企业应当按照电力监控系统安全防护规定及国家信息安全等级保护制度的要求，对本单位的网络与信息系统进行安全保护。

第九条规定，电力企业应当选用符合国家有关规定、满足网络与信息安全要求的信息技术产品和服务，开展信息系统安全建设或改建工作。

第十条规定，电力企业规划设计信息系统时，应明确系统的安全保护需求，设计合理的总体安全方案，制定安全实施计划，负责信息系统安全建设工程的实施。

第十一条规定，电力企业应当按照国家有关规定开展电力监控系统安全防护评估和信息安全等级测评工作，未达到要求的应当及时进行整改。

第十二条规定，电力企业应当按照国家有关规定开展信息安全风险评估工作，建立健全信息安全风险评估的自评估和检查评估制度，完善信息安全风险管理机制。

第十三条规定，电力企业应当按照网络与信息安全通报制度的规定，建立健全本单位信息通报机制，开展信息安全通报预警工作，及时向国家能源局或其派出机构报告有关情况。

第十四条规定，电力企业应当按照电力行业网络与信息安全应急预案，制定或修订本单位网络与信息安全应急预案，定期开展应急演练。

第十五条规定，电力企业发生信息安全事件后，应当及时采取有效措施降低损害程度，防止事态扩大，尽可能保护好现场，按规定做好信息上报工作。

第十六条规定，电力企业应当按照国家有关规定，建立健全容灾备份制度，对关键系统和核心数据进行有效备份。

第十七条规定，电力企业应当建立网络与信息安全资金保障制度，有效保障信息系统安全建设、运维、检查、等级测评和安全评估、应急及其他的信息安全资金。

第十八条规定，电力企业应当加强信息安全从业人员考核和管理。从业人员应当定期接受相应的政策规范和专业技能培训，并经培训合格后上岗。

(6)为指导和规范国家电网系统大面积停电事件应急演练活动的组织与实施，提高应急演练的科学性、实效性和可操作性，依据《国家大面积停电事件应急预案》《突发事件应急演练指南》《生产安全事故应急演练指南》《电力突发事件应急演练导则(试行)》《生产安全事故应急演练评估规范》《国家电网公司大面积停电事件应急预案》等有关文件，制定了《大面积停电事件演练评估细则》。该细则对国家电网系统开展大面积停电事件应急演练的基本程序、内容以及演练准备、实施、总结、评估等方面做出规定，适用于公司总（分）部，省级、地（市）级、县级公司及相关单位组织开展的大面积停电事件应急演练活动。

五、我国电网大面积停电事件应急演练开展情况及存在的问题

1. 演练开展情况

近年来，国内外电力大小事故不断发生，事故的后果严重，应急演练的开展对于电力企业也越来越重要。从省、市政府到各级供电公司，每年都积极开展各型各类电网大面积停电事件专项演练，演练深度不断增加，演练工作频度和广度不断加大。特别是我国先后发生多起大面积停电事件，例如 2008 年南方雨雪冰冻、“5・12”汶川大地震、“威马逊”超强台风等灾害引发的停电，以及“7・1”华中电网停电、深圳“4・10”停电等事故，电网大面积停电事件带来的重大损失一步步刷新着我们的认知，这也突显了大面积停电事件应急演练开展的重要性。

国家电网积极推进各省、市大面积停电事件的演练开展，高度重视对电网安全风险的防控，做好电网大面积停电事件的应急处置准备工作。一是强调关口前移，从源头入手认真抓好电网安全风险管控。各单位针对本年度电网安全风险“薄弱点”，认真细化工作方案，逐级落实责任，切实做好电网运行安全风险的各项防控措施，保证安全风险可控、在控，切实防范电网大面积停电事件。二是强调结合实际，有针对性地组织开展应急演练。通过开展应急演练，完善应急机制和应急预案、建设应急队伍，不断提升应急处置能力。

南方电网公司相继颁发应对大面积停电的专项应急预案，对可能造成大面积停电的不同灾害原因进行细化及提出应对措施。除此之外，运用高科技精密化装置，相继开展省级电网公司、地（市）级供电局应急演练，加强与相关方的应急联动，进一步提高应急处置的指挥、协调、处理能力。

（1）国家电网（固原电网）××年迎峰度夏联合反事故演习。

××年 6 月 15 日举行了“国家电网（固原电网）××年迎峰度夏联合反事故演习”。电网反事故演习，是提高调度员、监控员及运行维护人员事故处理能力，保障电网安全运行的重要措施之一，是电网安全管理工作的一个重要组成部分。固原电力调度控制中心按照国网西北分部和国网宁夏电力调控中心的统一部署开展演习。

此次演习重点考察了“大运行”模式下变电站远方遥控操作、故障隔离、负荷转移等能力，使演习本身更加真实，切合实际。此次演习故障设置参考现场实际编制具体方案，故障设置考察演习监控员对监控业务及遥控操作流程的掌握情况，演习

调度员对各类事故的处置原则、对新能源接入场站的掌握情况，以及调控员的协同配合能力。

此次演习主要针对固原变2号主变检修期间的特殊运行方式展开，针对性强，对日常工作的指导意义重大。针对固原电网主要检修任务和运行中存在的薄弱环节展开，旨在锻炼固原电网调控运行人员正确处理系统复杂事故和设备故障的综合能力，提高其在全网发生相继故障、多重故障时的快速反应能力和综合协调能力，进一步提高固原电网的安全稳定运行水平，为固原电网顺利度过夏季用电高峰打下坚实基础。

固原地调先后组织了三次固原电网迎峰度夏联合反事故演习协调会，会上根据固原电网联合反事故演习最终方案，与各参演班组统筹协调，仔细研究其间细节，并将各参演班组方案定稿。

6月8日、6月14日，按国网西北分部和区调安排，固原电力调度控制中心组织参演人员参与了西北电网组织的两次联合反事故演习预演，通过预演，进一步明确了演习方案中各事故发生的时序，确定了系统发电、负荷、联络线外送等实时数据，增加了演习方案的准确性，同时，及时向调控中心领导汇报出现的新问题，中心领导高度重视，对预演中发现的设备不足等问题进行协调，确保正式演习的顺利开展。

演习方案充分考虑了固原电网夏季运行的特点，结合6月份固原变2号主变检修工作，方案涉及线路故障、主变故障、特殊方式调整故障等。

为确保演习顺利进行，真实地反映电网运行中的实际情况，反事故演习必须以良好的技术支持系统作为支撑。此次演习中，调控、通信、自动化相关专业人员作为演习的技术支持人员，做了大量的工作，采用了调度员培训系统（DTS）、电视电话会议系统、通信视频系统、信息网络系统、网络文字直播、远程桌面等一系列的先进技术，不但真实反映了电网事故发展过程，还为观摩人员提供了清晰、稳定的效果图像。

调控中心利用DTS模拟事故现象，逼真地再现电网事故的动态过程。DTS画面与调度员值班所用的能量管理系统（EMS）功能完全一样。调度演习人员通过DTS来监视电网潮流，进行事故处理。

利用先进的通信手段，保证各参演单位组织联系、事故处理的通信畅通。固原地调演习室配备演习联系电话3部，录音及扩音设备1套，实时将演习室背景音传递至观摩会场、导演室。导演室配备2部演习联系电话，同时设电话监听音箱，监听演习室事故处理全过程。所有演习电话均可采用内线与外线两种拨号方式，以确保事故处理的通信畅通。

利用电话会议系统，实时掌控各单位演习进度。通过导演电话会议系统，及时与国网西北分部、各参演单位导演进行联系，掌控演习进度，了解事故的发生和处理进程，从而达到全网的统一调度和协调配合，更好地保证演习的顺利进行。

此次演习由于预先进行了细心的准备、周密的布置和制定了全面的安全防范措施，故参演单位都能按照事先设定的事故现象和正确的演习调令进行演习，故障处理有条不紊，保证了演习安全、正确、顺利地完成，锻炼了各单位领导及骨干的组织协调能力，提高了相关人员对专业知识和设备的熟悉程度。通过演习，明确了各相关单位、部门各自的职责，提高了相互间配合的默契程度。

(2)国网银川供电公司××年大面积停电事件应急演练。

××年6月15日，为落实《国家电网公司关于推进大面积停电事件应急演练工作的通知》以及银川市政府应急管理有关部署和要求，进一步检验国网银川供电公司大面积停电应急处置能力，促进各部门掌握大面积停电应急处置流程，增强联合应对大面积停电事件能力，确保自治区重大活动顺利举行，结合国网银川供电公司迎峰度夏工作，特组织开展此次演练。

此次演练由国网银川供电公司总经理担任演练总指挥，银川市人民政府、应急办、安监局、工信局以及宁夏回族自治区人民医院、银川市交警大队、银川市电视台、银川晚报、银川中铁水务集团有限公司、国网宁夏电力、国网银川供电公司等15个部门和单位参加演练。

此次演练模拟在迎峰度夏期间，高桥变110千伏，Ⅰ、Ⅱ段母线同停检修，光华变(65兆瓦)、民乐变(65兆瓦)、望远变(50兆瓦)单电源运行，均由掌政变Ⅱ段母线供电，陆纺变全部负荷由望远变配网供电。银川地区出现大风暴雨强对流天气，导致银川电网输变电设备受损，造成多座变电站和线路跳闸，配电设备积水严重。公司先发布“暴雨黄色预警”。随着恶劣天气对电网和设备影响扩大，经分析研判并报应急领导小组批准，发布“大面积停电蓝色预警”，事件发生后，立即开展应急处置和信息报送，直至应急结束。此次演练贴近一线、贴近基层、贴近实际，以银川电网实际运行方式为基础，结合银川地区的气候特点开展情景构建。此次演练加强了内部协同和政企联动机制，全面展现了公司与政企之间联动的协助机制。

此次演练模拟场地既有室内又有室外，装备齐全、技术也十分成熟，采用实战化演练的方式，包含单面推演和实践操作，但是演练科目中缺少舆情处理、雨天作业、化工企业处理、商业区处置和对10万用户或重要用户的安抚。公司接下来将针对推演过程中发现的问题和不足，进一步完善应急预案内容并采取有效措施，提高应急预案的实用性和可操作性，提升公司整体应急管理水平，确保迎峰度夏期间银川电网安全稳定运行和平稳供电。

(3)中卫地调联合反事故演习。

××年6月15日，为落实国网宁夏电力迎峰度夏保电工作，中卫地调进行了

联合反事故演习。公司领导高度重视此次演习,国网中卫供电公司副总经理及各部门主要负责人观摩了此次演习活动。

此次演习设置了两个故障点,第一个是330千伏迎穆Ⅰ、Ⅱ线停电期间,330千伏中凯Ⅰ、Ⅱ线故障,造成中卫变、迎水桥变全停;第二个是220千伏宁关甲、乙线光纤通道异常,无法恢复,将关帝变负荷通过宁-古-石-关环网操作倒至宁安变供电。

此次演习故障设置主要考察调控人员对甘宁断面解环后330千伏迎穆双回同停期间电网运行的掌握情况、对中卫电网高危及重要用户的掌握情况、大面积停电后的应急处置能力。

所有参演人员对工作严肃、认真、负责,演习取得了预期效果,达到了演习考察的目的。演习结束后,观摩人员及演习人员在演习现场对此次活动进行了点评、总结。大家一致认为:此次联合反事故演习,提高了上下级调度人员、运维人员处理电网事故的实际技能,锻炼了管理人员的组织协调能力,检验了各单位对反事故预案和措施的适应性,检验了上下级调度之间事故处理的衔接性。

(4)西安市大面积停电事件应急综合演练。

××年6月30日陕西省西安市举行了大面积停电事件应急综合演练,此次演练由陕西省政府主办,西安市政府、国家能源局西北监管局承办,国网陕西省电力有限公司、西安供电公司协办。西安市相关部门、企事业单位参加演练。国务院应急办、国家安全生产监督管理总局、国家能源局、国家行政学院等单位相关负责人员及50余家政府部门、企事业单位派员参加演练观摩活动。

此次演练是深入贯彻落实《国家大面积停电事件应急预案》、扎实开展电力行业“安全生产月”活动的重要举措。演练为突出实战效果,采用功能演练、实战演练和模拟演练相结合的方式开展,重点模拟了西安受强对流雷暴天气影响,导致330千伏草滩变电站跳闸,造成西安电网大面积停电,对城市供水、交通、医疗、通信、重要电力用户等造成影响。在此背景下,以《西安市大面积停电事件应急预案》等为基础,西安市政府启动大面积停电Ⅲ级应急响应,各职能部门以及电力、交通、通信、供水等重要行业开展应急联动,统筹各类资源,维持城市基本运转,保障人民群众生命、财产安全。此次演练的目的是检验在大面积停电事件背景下,西安市政府相关部门联合处置及单独处置的能力,完善应急机制,规范处置程序和方法。

此次演练是在新的《国家大面积停电事件应急预案》刚刚颁布不久,同时恰逢安全生产月活动,举办的一次高水平、全方位、立体化的大面积停电事件应急综合演练。对于此次演练活动,各级领导高度重视、策划准备充分、演练程序流畅、参演人员认真投入、演练效果显著,达到了预期的演练目标。

评估专家组一致认为此次演练特点突出:一是事件情景设计系统性强;二是应

急决策指挥层级清晰;三是参与部门应急联动充分;四是演练规模宏大,动用了大量先进装备。突发事件应急管理是各级政府社会管理职能的重要内容,大面积停电事件应急管理工作,是包括电力行业在内的各相关行业领域需要高度关注和持续强化的共同任务。各有关单位要深入贯彻落实《国家大面积停电事件应急预案》,重点做好四项工作。一是充分认识大面积停电事件中存在的风险,认真吸取国内外发生的多起大面积停电事件教训,总结处置经验,在全力做好大面积停电事件防范工作的同时,扎实、全面地进行应急处置准备。二是要建立健全应急处置机制,各部门各单位要通过协调联动,共同促进全社会电力应急能力不断提高,切实维护国家安全和社会稳定。三是切实加强应急预案管理,进一步提高对预案管理工作的认识,扎实做好预案编制工作并贯彻落实,强化预案衔接与联动,切实提高应急预案的针对性和实效性。四是积极开展应急综合演练,以演练促进应急预案健全、应急机制完善、应急队伍建设和应急宣教普及。

大面积停电事件是近年来电网企业重点演练主题,南方电网公司也开展了大量形式丰富、内容多样的大面积停电事件应急演练,例如 2018 年 11 月贵州电网有限公司(简称贵州电网公司)组织开展的防冰应急演练。此次演练由南方电网公司主办,贵州电网公司承办,参演单位包括贵州电网公司职能部门、10 家地区供电局、运检公司、电科院、国电投南东水电站。贵州能源监管办、贵州省应急管理厅、贵州省气象局、南方电网公司安全监管部相关领导和南方电网公司其他兄弟单位的专家对演练全过程进行观摩及点评。

此次演练模拟 2008 年百年一遇的雨雪冰冻灾害天气,以该天气实况覆盖现有电网,推导出线路覆冰状况,设置了贵州电网公司所有覆冰监测终端保持 100%在线;当日在线监测到覆冰比值达到 0.3 的线路为 220 千伏九棉线,贵州电网 220 千伏及以上线路覆冰 4 条,同比昨日增加 4 条,均为 20 千伏线路,220 千伏及以上线路最大覆冰厚度 6mm(为 220 千伏九棉线),最大覆冰比值 0.3(为 220 千伏九棉线)等故障。

此次演练共设置 1 个观摩会场、12 个分会场以及 14 个实战演练现场。各演练会场、现场运用多种视频传输方式,将画面实时传输至观摩会场。其中,12 个分会场通过视频会议系统将会场实况传输至观摩会场。14 个实战演练现场中,毕节局、总值班室和中调采用视频会议系统传输,都匀供电局、六盘水供电局和铜仁供电局采用移动摄像头连接 4G 信号传输,遵义供电局、贵阳供电局和贵安供电局采用 Espace(俗称南通网)传输,凯里供电局、安顺供电局、兴义供电局和国电投南东水电站采用遥视系统传输,运检公司采用应急指挥车及卫星地面站传输,所有演练现场均进行实时直播。

通过此次演练方案的编写与修订,理论联系实际,专业人员的专业知识和分

析、解决问题的能力得到提高。此次演练检验了供电公司事故处理预案的可行性，锻炼了运行及检修单位应对电网设备事故的反应和抢险能力。各参演单位演练人员均能积极分析故障，正确执行调度指令，正确使用专业调度术语，表现出较高的专业素质。

又如，××年6月30日，南方电网公司模拟西电东送主要通道发生故障、海南电网孤网运行等多种场景，组织开展了公司级大面积停电事件应急演练，首次设置了重点城市变电站遭恶意代码攻击等新类型故障处置，检验公司系统应对重大电力安全事故、设备事故的快速反应能力。此次演练针对异步联网、海南大机小网、线路交叉跨越等多种风险场景，旨在检验公司系统上下级及部门联动方面的事故处理能力、联动协调能力，进一步提高公司应对大面积停电情况下的应急处置能力。公司相关部门，广东、云南、海南电网公司，广州供电局，东莞、昆明、三亚供电局及南方电网传媒科技有限公司等单位共800多人参加了演练。

2.演练组织实施存在的问题

虽然各级领导都高度重视应急演练工作，各参演单位也积极投入，但各单位在应对电网大面积停电事件时，处置重点各不相同，桌面演练无法做到尽善尽美，实战演练受人力、物力限制，在演练组织落实方面困难较大，功能演练效果与实际情况还有很大偏差。存在的主要问题如下：

(1)大多数演练中，电网企业与政府相关部门、社会组织、行业联动较少，信息共享、资源整合不够，大多数演练都为电力抢修的事故处置型演练。需要创造条件，开展以政府为主导的大面积停电事件应急综合演练。

(2)参演单位对预案了解程度不够，对应急联动机制启动方式、信息汇报要求掌握不透彻。这是大多数行业在应急演练开展过程中表现出的共性问题，不是电力行业独有，其根本原因是应急意识不强。

(3)演练总体协调力度不够，后勤保障支撑不足。对于多单位、大型联合实战演练，工作计划制订不周密，部分环节协调工作不到位，工作整体统筹、执行存在偏差，不利于整体工作安排。

省(市)级大面积停电事件演练组织实施中存在的问题：一是对大面积停电事件预案熟知程度不够。在实际工作中，基本都是应急管理人员制订应急预案，因此，对于应急预案，往往是领导和应急管理人员比较熟悉，而大多数基层员工甚至中层管理者都不熟悉，预案往往是在应付考核、检查。这就导致在演练中参演人员对救援意图理解不透，执行不到位。二是预案内容书本化，针对性、实用性不强。预案内容中将职责明确到人，看似分工到位，职责清楚，但事故现场复杂多变，如果人员发生变化，预案将成一纸空文。把现场救援行动布置得太具体，忽略了事故现场瞬息万变的情况，重“演”而轻“练”，不能达到检验预案、锻炼队伍、提高突发事件处理能力的目的。三是个别地(市)演练计划安排晚,准备工作不充分。部分演练方案和演练脚本把关不严,宣传气氛浓,实战性不强,现场信息传递不准确,出现违规施救和扑救物资不适用等现象。

电力公司大面积停电事件演练组织实施中存在的问题:一是演练准备不到位。部分电力公司虽然制定了相应的演练方案,但是演练方案不规范、不具体,演练方案缺乏实际操作性。部分企业甚至不编制演练方案,缺少对大面积停电事件整体过程以及重要环节的描述等。二是演练组织不科学。部分电力公司在演练中往往没有进行科学调控,导致演练时间过长或临时中断;相关的情景设置不科学,演练无安全保障。演练情景的设置不但要满足演练的需求,还要充分考虑到各种安全因素,主要包括演练环境的安全、演练人员的安全、公众的安全、演练车辆通行安全等,如计划不周,设计不科学,则可能导致安全事故。

第二章　大面积停电事件应急演练管理实务

应急演练实务是根据大面积停电事件相关法律法规、应急预案以及电网行业从业者应急处置流程等形成的演练开展方法。大面积停电事件应急演练的实施流程是根据实际过程中的应急处置流程确定的。大面积停电应急演练流程适用于普遍开展的省级、地(市)级大面积停电事件应急演练。本章系统梳理大面积停电事件应急演练策划、设计、实施和评估的规范流程和操作方法,为演练的组织开展提供借鉴。按照演练开展方式的不同,分别编制了桌面演练(附录一)和实战演练(附录二)的工作流程。

一、大面积停电事件应急演练策划

演练策划是演练初期的一项重要基础性工作,是根据演练计划和拟考查科目对演练全过程进行顶层设计的过程,包括演练目标、演练需求和演练计划、演练组织机构及职责、演练情景设置、演练组织形式与开展方式、演练场地选择、演练场景构建。

1.演练目标

(1)检验应急预案。通过应急演练,发现应急预案中存在的问题并及时进行完善,增强应急预案针对性、实效性和可操作性。

(2)锻炼应急队伍。通过应急演练,提升应急人员妥善处置突发事件的应对能力,提升应急队伍的处置水平。

(3)完善应急机制。通过应急演练,完善应急流程与机制,提升公司内部各部门、各层级之间以及与外部的协调联动水平。

(4)强化应急意识。通过应急演练,强化公司员工的应急意识,提升全员的应急管理基本素养。

(5)普及应急知识。通过开展应急演练,熟悉应急流程,普及应急知识,提高参与人员的应急能力,增强社会公众的风险意识。

(6)完善应急准备。通过演练和评估,充分暴露和发现问题,及时改进、提升,切实提升防范大面积停电事件风险的能力。

2.演练需求和演练计划

(1)评估演练需求。

应急演练是常态应急管理工作的一部分,不能靠一时冲动而仓促举行,需要系统地研究形势需要,确定是否需要演练以及需要什么样的演练,即需要开展演练需求评估,其目的是确定问题,验证演练依据,并识别哪些技能需要演练。

就大面积停电事件应急演练而言,演练需求评估应包含以下内容:

①电网风险。即可能引发大面积停电事件的各类风险,包括结构风险、设备风险、技术风险三个方面,需要对各种潜在的风险系统归类并进行重要性排序,以确立风险的优先级。

②潜在的演练参加者。即大面积停电事件应急处置涉及的责任主体,包括政府、电网企业、发电企业、电力用户、媒体以及相关社会组织和志愿者等其他关系方。

③已具备的应急能力。主要考虑在实际处置中哪些应急技能是已经熟练掌握的,哪些技能比较薄弱。

④已经组织过的演练。主要考虑已经组织过的演练对哪些目标或功能进行了考核,哪些责任主体参加了演练,演练中存在哪些薄弱环节。

⑤演练迫切程度。主要考虑应急处置中的薄弱环节是否能够通过演练较好地提升。

(2)编制演练计划。

在演练需求评估的基础上,还要编制演练计划。演练计划是指一个部门或单位对演练的总体安排和打算,主要包括以下六个方面的内容。

①事件情景。事件情景是针对引发大面积停电事件的风险的规模、等级、影响范围等做具体的描述,作为演练开展的依据。在风险分析的基础上,合理制定每场演练的事件情景,确保在一个演练周期内完成对全部风险的模拟处置,全面提升应急能力。

②演练科目。演练科目是指大面积停电事件应急演练的出发点和希望完成的任务与实现的目标,如监测预警、应急动员、媒体应对、先期处置、应急联动等。

③演练范围。确定演练时间、地点、类型等,并对所遴选演练目标的隐含性应急任务加以识别,据之匹配各应急任务所对应的责任人或责任主体(可能是任务涉及的单位、部门或特定岗位),完成对演练范围的确定。

④演练设计。紧紧围绕“事故—责任人—资源—措施”应急预案四要素匹配,制定演练设计的规范性流程和方法,形成标准化的演练控制文件,为演练设计构建统一模式。

⑤演练导调实施。制定演练导调实施的控制方案,为所有演练的组织实施提

供控制方法，确保能够有效引导演练进程。控制方案应包含不同类型演练的实施方法、记录单、信息报告单、沟通告知单、反馈表等。

⑥演练评估指标。在确定演练科目的同时还要设置演练评估指标，即实现演练科目的分解性指标，使其可量化考核。评估指标的设置，为演练评估提供评价准则及评价方法。所有成熟的演练都必须设计评估指标，主要围绕应急预案的有效性、应急程序、应急措施等的合理性设置，为演练控制和评估提供基础和依据。

3.演练组织机构及职责

应急演练是一项系统工程，除了细节性的脚本、PPT、流程图之外，还包括更深层的设计、组织、管理、保障等相关重要任务，需要统一领导、合理分工、协同配合。为了有效落实一场演练的设计、组织、管理、保障等任务，需要建立演练管理组织，各部门在演练领导小组的统筹组织和指挥下，确保分工开展演练的组织筹备和各项工作的顺利实施，实现应急演练的高效、有序开展，从而获得更好的演练效果。按照《国家电网公司电网大面积停电事件应急演练导则》，构建以公司总经理、副总经理为演练领导小组的演练管理组织，负责大面积停电事件应急演练的组织策划与实施保障工作，其他部门分别承担演练组织策划、技术支持、后勤保障等任务。大面积停电事件应急演练管理组织架构见图2-1。

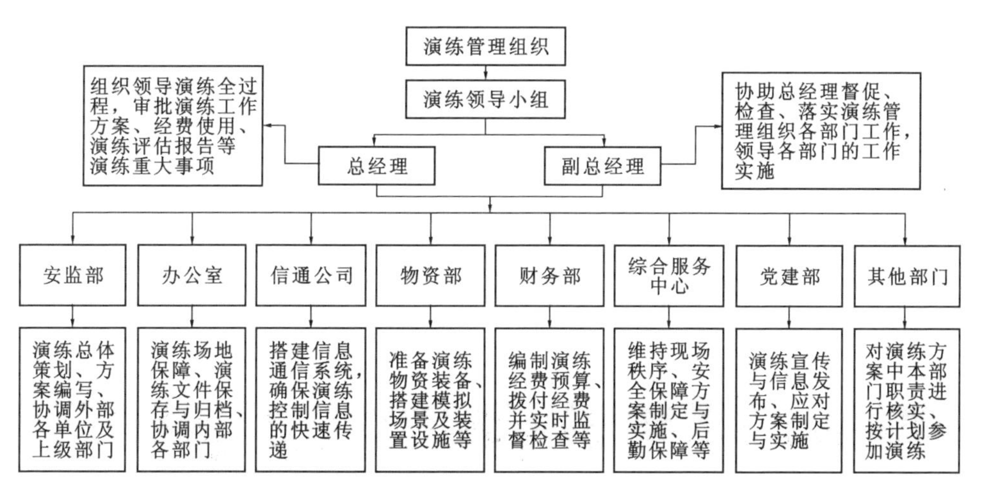

图2-1　大面积停电事件应急演练管理组织架构

其中，演练领导小组负责应急演练活动全过程的组织领导，领导应急演练筹备和实施工作，审批应急演练工作方案和经费使用，审批演练评估报告，审批决定演练的重大事项。演练领导小组组长一般由公司总经理或副总经理担任；副组长一般由公司应急管理部门负责人担任；小组其他成员一般由各演练参与部门相关负责人担任。在演练实施阶段，演练领导小组组长、副组长通常分别担任演练总指挥、副总指挥。

4.演练情景设置

突发事件应急情景设置实质上是危害识别和风险分析的过程,是突发事件应急演练场景构建的前提和基础,因为全部演练活动都是围绕应急情景展开的。情景设置不是简单的事件描述,而是要按照大面积停电事件的发生、发展和演化规律,依据应急演练面向复杂事件或最坏情景的定位,结合既往事态严重、损失巨大、社会关注度高的典型案例,设计出具有挑战性和逻辑进程关系的事件链,目的是通过引入需要参演人员作出响应行动的事件情景,保证演练深入进行。

与一般突发事件应急演练主要考察事件发生后的现场应对不同,大面积停电事件应急演练更加强调从事前的电网风险监测、事发的先期处置、事中的全面应对和事后的应急终止等全过程应对处置。基于此,提出了以背景信息、初始情景和模拟应对为核心,涵盖事前、事发、事中、事后四个阶段的三层次应急情景结构,如图 2-2 所示。

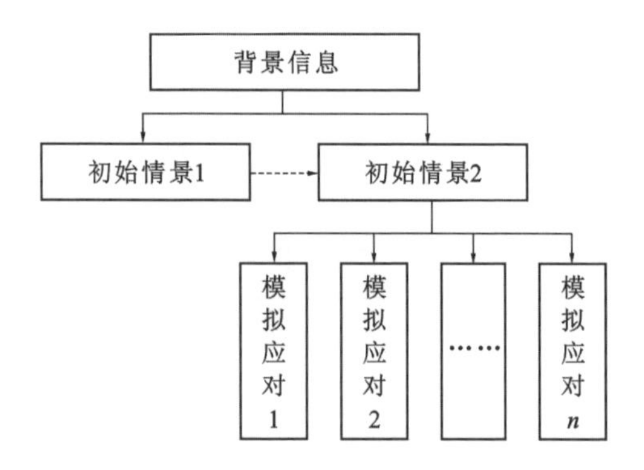

图 2-2 大面积停电事件应急情景层次结构示意图

以综合考查各责任主体的联合应对能力为目标,梳理大面积停电事件的全部任务类型,对各层次应急情景的事故应急要点进行匹配,构建应急情景的对应关系,如表 2-1 所示。

表 2-1 大面积停电事件应急情景对应关系

序号	应急情景	事故应急要点
1	背景信息	可能导致大面积停电事件发生的背景描述
2	初始情景	初始情景 1:某县(区)发生停电事件,且影响范围可能继续扩大
		初始情景 2:全市多个区域停电,达到预案启动条件
3	模拟应对	模拟应对 1:电网故障
		模拟应对 2:重要用户停电

续表

序号	应急情景	事故应急要点
3	模拟应对	……
		模拟应对 n:故障修复、供电恢复、生活秩序恢复正常

(1)背景信息。背景信息是对可能导致大面积停电事件发生的各类突发事件的描述,其实质是对风险的描述,如气象条件异常、外部破坏等有可能造成电网故障进而引发大面积停电事件,旨在说明某突发事件可能会对本地区电网造成损坏,需要相关部门加强监测、做好风险管控措施。因此,首先要确定本地地理位置及气候条件、易发生的自然灾害等,基于现实风险按照突发事件的发展演化规律确定电网故障和大面积停电发生的原因,设置背景事件的发生时间、地点、负荷损失情况、影响范围以及变化趋势等要素,并进行情景描述。

(2)初始情景。初始情景是对大面积停电事件发生的时间、地点、负荷损失情况、影响范围及变化趋势等要素的说明,用来启动应急响应,是一场应对处置行动的逻辑起点,设置了系列行动的开端。在大面积停电事件应急演练中,初始情景包括两部分,其中"初始情景 1"用来描述突发事件造成电网部分故障,导致局部地区停电,尚未达到大面积停电事件应急预案启动条件,但影响范围有继续扩大的趋势;"初始情景 2"是指多个区域同步停电,损失负荷已经达到预案启动条件,需要启动预案以全面开展事件处置。

(3)模拟应对。模拟应对是对各应急任务或处置过程的背景说明,通过向参演人员不断提供演练过程中所需的阶段性、程序性信息,使演练的后续行动持续开展。该部分情景设置主要考虑电网故障和次生、衍生灾害产生的影响,典型故障如倒塔、变电站故障、线路异物等;次生、衍生灾害涉及道路交通,地铁站、火车站等交通枢纽,大型社区、医院、商场、危化品企业等。

在"J 市大面积停电事件应急演练"设计任务中,首先按照上述应急情景对应关系,在风险分析的基础上选取最具普遍性同时也是 J 市面临的主要自然灾害风险——大风、暴雨等恶劣天气,并对其发生时间、风险级别、发展趋势、影响的区域和范围、可能对电网造成的影响等情景要素作了描述;其次,依据灾害天气的影响范围,以覆盖典型电力用户为目标,选取涵盖 3 县 1 区的 6 座重点变电站,其因故障停止运行,累计负荷损失占电网总负荷的 42.3%,达到市大面积停电事件Ⅲ级应急响应标准;最后,基于此次演练的目标是检验市政府领导下电网企业与公安、消防、医疗、环保、安监、宣传等部门,以及典型电力用户等之间的政企联动、多行业联动,演练项目组充分考察了大面积停电事件可能导致的次生、衍生事件,以及受停电影响较大的场所,包括医院、商场、社区、化工厂、大型企业、学校、交通枢纽等,选取了J市具有典型代表性重要用户和事故类型作为此次演练的模拟应对场景，详见表2-2。

表2-2　　J市大面积停电事件应急演练情景

序号	应急情景	事故应急要点
1	背景信息	进入8月份以来，J市出现大范围持续降雨； 8月15日16时35分，J市气象台发布暴雨、大风橙色预警信号； J市出现较强雷达回波，市大部分地区已经受雷电活动影响，且可能持续； 中北部地区未来2小时内将遭受强对流极端天气侵袭； 全市出现强降雨、雷暴和大风天气的可能性较大，局部地区2小时内降雨量将超过160毫米
2	初始情景	初始情景1：17时00分开始，飑线风、强对流极端灾害天气袭击X县、M市、Q市等地区，J市电网遭到严重威胁； 17时02分，TW变220千伏母差保护动作，220千伏母线失压，X县大部分区域停电
		初始情景2：17时20分开始，飑线风、强对流灾害天气袭击X县、M市、Q市、J区等多个县(区)； 半小时内，LQ变110千伏东、西两条母线全停，220千伏ⅠHL线、ⅡHL线同时跳闸，110千伏XY线、JN线相继跳闸，YJ变、JN变全停，全市多个县(区)停电，J市电网遭到严重破坏
3	模拟应对	模拟应对1：大风卷起某施工工地的防尘网，缠结在潭220开关和CT之间，导致TW变220千伏母差保护动作，220千伏母线失压，TW变全停。 二级重要电力用户W铝业生产线停电，电解三分厂铝水车间有铝水凝固风险
		模拟应对2：受雷电袭击，LQ变110千伏东母故障，110千伏母联开关拒跳，LQ变110千伏东、西两条母线全停，重要电力用户M市Z公司全厂停电
		模拟应对3：220千伏Ⅰ、ⅡHL线19号塔保护区外树木倒在线路上，造成220千伏Ⅰ、ⅡHL线同时跳闸，Q市一级重要电力用户H公司全厂停电，造成厂区内液氯储罐防护措施失效，存在随时泄漏风险
		模拟应对4：受暴雨冲刷和大风影响，Q市境内Ⅱ载护线25号杆塔倒塔，造成HC变全停
		模拟应对5：停电发生后，J市第二人民医院自备发电机无法启动导致全院停电，造成ICU病房、手术室等无法正常运作，3名危重病人生命垂危
		模拟应对6：受YJ变、JN变全停影响，J区王府井百货公司发生停电。 停电引起商场内大批顾客恐慌，影厅内部分观影顾客情绪失控。 网上一条“王府井商场顾客骚乱，发生踩踏事故，造成多人死伤”的信息广泛传播，已经被大量转发和评论。 同时市公司接到国家电网天津客服中心督办来电，有多名群众反映，王府井及附近商铺停电，要求立刻查实和处理

续表

序号	应急情景	事故应急要点
3	模拟应对	模拟应对7:受JY变、JN变全停影响,J区一小区停电,有居民被困电梯,部分居民在小区广场聚集
		模拟应对8:经过全力抢修,电网主干网架基本恢复正常,各县(区)停电区域供电相继恢复,通过调整全网机组处理,电网留有正常备用,不影响电网供电。 故障修复基本完成,重要用户均已恢复供电,转入正常运营。 对尚未恢复供电的极少数客户已通过应急发电车、发电机和照明灯塔提供应急供电和照明。 根据气象部门预报,未来3天天气平稳,以多云天气为主

基于"情景—应对"模式,在情景分析完毕后,需要梳理应对"情景"的任务清单,它们共同构成了一场演练的全部过程。除了当前应急演练主要考察的突发事件发生后的现场应对,大面积停电事件的应急处置往往还包括停电发生前的监测预警环节,即电网企业和气象、地震、水利等政府风险监测部门共享监测信息,及时分析研判各类风险对电网正常运行可能造成的损害,预估可能的影响范围和影响程度,进而提前发布预警并做好应急准备。

源于大面积停电事件处置流程的演练三阶段划分(即监测预警、应急响应和响应结束)更加严谨、规范并具普遍适用性,更能完整反映大面积停电事件的全部应对过程。其中,监测预警阶段考察大面积停电事件发生前和发生初期电网企业与政府相关部门风险监测、风险研判、信息报送、先期处置、电网应急准备和预警发布的过程,考核目标是相关部门风险监测信息第一时间上报、应急部门初步研判和快速响应;应急响应阶段即所在地人民政府启动预案、成立应急指挥部,考察各参演单位在应急指挥部的指挥下完成电力恢复、新闻宣传、综合保障、社会治安维护等内容,考核目标为果断采取措施抢救生命财产、恢复电力正常供应、防止事态进一步扩大、及时掌握事故现场动态和科学应对突发状况;响应结束阶段考察应急终止程序、应急人员和设备的安全防护与归位,考核目标为科学判断终止条件、快速撤离事故现场。运用该方法对前述J市大面积停电事件应急演练进行阶段划分,详见表2-3。

表2-3 J市大面积停电事件应急演练阶段划分

序号	演练阶段	情景	应急任务
1	第一阶段:监测预警	背景信息	气象风险监测、气象灾害预警
2		初始情景1	电网应急准备、停电风险研判、大面积停电事件预警

续表

序号	演练阶段	情景	应急任务
3	第二阶段：应急响应	初始情景 2	先期处置、紧急会商与启动响应
4		模拟应对 1	运行方式调整
5		模拟应对 2	电网故障抢修、交通疏导
6		模拟应对 3	液氯泄漏风险评估、环境监测、新闻发布
7		模拟应对 4	倒搭抢修
8		模拟应对 5	伤员转运、应急保电
9		模拟应对 6	客户服务、人员疏散撤离、舆情管控
10		模拟应对 7	人员营救、医疗救护
11	第三阶段：响应结束	模拟应对 8	应急终止、发布公告

基于“情景—应对”的应急任务逐渐清晰以后，通过业务部门的座谈分析和职责匹配，明确各项应急任务的责任主体，形成如表 2-4 所示的任务归属列表(R 表示负责，S 表示支持)，由此也完成参演范围的圈定。

表 2-4　J 市大面积停电事件应急演练任务归属列表

任务名称	市政府	电网公司	工信委	公安部门	交通部门	消防部门	卫生部门	气象部门	安监部门	环保部门	新闻办	媒体
气象风险监测		S						R				
气象灾害预警		R										
电网应急准备		R										
停电风险研判		S	R									
大面积停电事件预警	R	S	S									
先期处置		R										
紧急会商与启动响应	R	S	S									

续表

任务名称	市政府	电网公司	工信委	公安部门	交通部门	消防部门	卫生部门	气象部门	安监部门	环保部门	新闻办	媒体
运行方式调整		R										
电网故障抢修		R										
交通疏导					R							
液氯泄漏风险评估									R			
环境监测										R		
新闻发布		S									R	S
倒塔抢修		R										
伤员转运					S		R					
应急保电		R										
客户服务		R										
人员疏散撤离				R	S							
舆情管控		S									R	S
人员营救						R						
医疗救护							R					
应急终止	R	S	S									
发布公告	R										S	S

根据上述演练中的应急任务和责任主体，确认事故处置所需的资源以及需采取的应急响应行动，并对其进行动态描述，形成“责任人—资源—措施”匹配。以J市大面积停电事件应急演练第二阶段“应急响应”最具典型代表性的模拟应对7为例，进行“责任人—应急资源—应急响应行动”匹配，结果见表2-5。

表 2-5　　J 市大面积停电事件应急演练模拟应对 7 的场景要素匹配

事故信息	应急任务	责任人	应急资源	应急响应行动
表 2-3 模拟应对 7	事故报告	小区物业、消防支队、电网公司	通信工具	小区物业分别向市消防支队、电网公司报告人员被困和停电情况
	先期处置	小区物业	手电筒、应急广播	检查配电室电力设备、手动抬起小区出入口的车库门栏、通过社区广播发布停电情况告知
	信息报送	电网公司、应急指挥部	通信工具	电网公司向应急指挥部汇报事故情况
	人员营救	消防支队	消防救援车辆、专用破拆工具	消防救援人员使用专用破拆工具破拆目标电梯，营救被困人员并向指挥部报告
	医疗救护	市人民医院	救护车、医疗救护设备	医护人员对被困人员进行询问和检查治疗
	应急保电	电网公司	250 千瓦应急发电车、应急照明灯	发电车为小区应急保电，基干分队在小区地下车库等区域设置应急照明灯
	客户服务	电网公司	停电公告	客户经理在显眼位置张贴停电公告，安抚居民情绪，耐心解答居民关于停电事件的相关问题

5. 演练组织形式与开展方式

(1)演练组织形式。

大面积停电事件应急演练组织形式可分为预先告知型、不预先告知型和情景引导型三种类型。

①预先告知型演练，是将突发事件情景、参演人员、物资以及拟采取措施等演练主要内容置于演练策划书或演练方案中，参演人员按照既定方案完成演练任务。

②不预先告知型演练，是指不预先告知具体的演练时间、地点与科目，不预先编制演练脚本，不预先通知参演人员，不预先进行合成演练，完全按照实战模式开展应急响应，大大提高了演练逼真度，使演练最大限度地贴近实战。

③情景引导型演练，是指演练时不提供演练脚本，通过预置突发事件、在各演练场所事先埋放“险情地雷”的演练方式进行演练，是强化各级人员的应急意识、规范应急处置工作流程、培养应急演练专家队伍的重要手段。

(2)演练开展方式。

一般大面积停电事件应急演练开展方式可分为桌面演练、综合演练和实战演练,实践中可根据实际需求与考核目标选择演练开展方式。

①桌面演练。桌面演练是在非正式、无压力的环境中对突发事件的模拟应对,一般在室内以研讨会形式进行,预案涉及的各方代表围坐在一张大桌子旁,针对事先假定的演练情景,按照预案规定的应急程序,在导调官/主持人的引导下以口头交流的方式讨论和推演应急决策及现场处置的过程,从而促进相关人员掌握应急预案中所规定的职责和程序,提高指挥决策和协同配合能力。

桌面演练形式相对简单,不需要动用装备和其他资源,由导调官宣读突发事件情景和若干条模拟信息,让参演人员根据这些模拟信息,讨论、判断应该采取的应对措施。同时,视所设置情景的复杂程度安排 1～2 名导调官作为桌面演练的催化者,控制事故应急过程与目标达成度;此外,还需要配备 2 名以上记录员记录研讨过程,以便对演练方案中的问题进行修正。

②综合演练。综合演练是指涉及应急预案中多项或全部应急响应功能的演练活动。优点是注重对多个环节和功能进行检验,特别是对不同单位之间应急机制和联合应对能力的检验。缺点是成本高,耗费人力、物力。

③实战演练。实战演练是应急预案最高层次的演练,是尽可能模拟真实事件的全面演练。所有应急预案涉及的部门、人员、装备都要按照真实发生突发事件的情况到位,针对事先设置的突发事件情景及其后续的发展情景,通过实际决策、行动和操作,完成真实应急响应的过程,从而检验和提高相关人员的临场组织指挥、队伍调动、应急处置、后勤保障等应急能力,可以最大限度地提高参演人员的应急技能和事故应对能力。

实战演练的最大特征是它具有最大限度的仿真性,它需要全部激活应急中心和其他行动中心,协调许多实体部门和单位,检验若干应急功能。为了保证做到这一点,就必须实施现场行动和现场决策,仿真受害者,实施所需的救援行动,动用所有必需的通信设备,将所需装备按实战要求配置和部署,将所需应对人员和资源配置到位。

6.演练场地选择

不同类型的演练需要的场地不同,为了最大限度地实现演练目标,需要根据演练类型合理选择演练场地。根据演练需求与规模,结合地区和电网实际,根据以下要素选取演练场地:其一,可信度,即某种突发事件在该场地是否有发生的可能性,选择可信的场景与地点;其二,可实现度,即选择真实场景进行模拟是否影响正常的交通秩序,是否影响社会和公众的正常生产、生活;其三,空间充裕度,即考虑所选地点是否能为被困者、响应人员、车辆及设备等提供足够的空间,桌面演练的实质是为了检验应急指挥机制、应急处置流程的完整性，可以选择大型会议室或电网公司应急指挥中心；其四，实战演练要求高度仿真、贴近实战的场景设置，因此需要选择与演练场景相符的场所，要求能够满足全部任务的现场操作；其五，综合演练是桌面演练和实战演练相结合的演练方式，需要启用全部应急中心，通过应急指挥中心和现场实战共同完成演练进程。

7. 演练场景构建

依据演练目的和需求的不同，各演练场景需要根据已设置的应急情景和演练场地的现实条件进行有针对性的构建。场景构建不是简单的情景呈现，而是要尽可能模拟真实事故现场，合理布局演练场地，并准备必要的演练物资，搭建必要的模型设施，如演练大屏、信号接收和发送系统、各类参演车辆、营地搭建所需物资、倒塔断线抢修物资及相关设备等。户外作业现场，可采用释放烟雾、模拟泄漏、视频、音效、动画等方式模拟突发事件的发生过程，并依照演练规模及内容配置安全员，保证演练安全、有序。

二、大面积停电事件应急演练设计

演练设计应结合大面积停电事件应急预案职责内容及应急处置相关要求进行事件情景描述，合理布置“工作任务”，使参演单位能够“有事做”“按照职责要求做”“紧张有序地做”“圆满完成任务地做”，从而实现最终的演练目的，达到“练兵”的效果。

1. 演练构思

(1)责任人、资源、措施与事故应对匹配。

根据演练情景，梳理应急演练核心任务，确认任务所需的责任人、应急资源及应急措施，进行大面积停电事件应对的“责任人—资源—措施”匹配。以应急响应阶段为例，大面积停电事件应对的“责任人—资源—措施”匹配表单见表 2-6。

表 2-6　大面积停电事件应急演练“责任人—资源—措施”匹配

演练阶段	事故信息	责任人	应急资源	应急措施
第二阶段：应急响应	场景信息	责任人 1	人员及装备情况	针对本场景应急任务采取的措施
		……	……	……
		责任人 n	人员及装备情况	针对本场景应急任务采取的措施

①责任人。根据应急情景中梳理的应急任务结合部门职责确定责任人。

②应急资源。根据现有应急资源(包括应急队伍、物资、装备以及上级单位和邻近电网公司可支援的应急物资)和应急任务确定演练所需应急资源。

③应急措施。根据公司应急预案体系（总体预案、专项预案、现场处置方案），特别是现场处置方案确定每项应急任务对应的规范处置措施。

（2）演练场景设置。

按照大面积停电事件应急处置流程和特点把大面积停电事件应急演练划分为监测预警、应急响应和响应结束三个阶段。源于演练进程阶段划分的演练场景设置，其核心思想是对基于应急情景的应急响应单元划分和动态交互关系描述，包括情景阶段、情景内容、情景要素、行动方案与响应要素等，具体要求是：首先，基于应急情景和演练阶段划分进行各演练阶段应急情景要素提取；其次，逐项罗列每一情景要素涉及的核心任务；再次，分析提炼每一核心任务包含的系列具体问题；最后，获取解决每一问题所需的知识技能和处置措施。基于应急情景的演练场景设置要点见表 2-7。

表 2-7　　演练场景设置要点

事故情景					应急响应				
情景阶段	情景内容	情景要素			行动方案	任务序号	响应要素		
		行动者	信息要点	接收者			任务动作	执行者	接收者 1
第 X 阶段	情景内容 1	行动者 A	信息要点 1	接收者	行动方案 1	1	任务动作 1		
						2	任务动作 2		
						3	任务动作 3		
						……	……		
		……	……	……		n	任务动作 n		

2. 演练控制文件设计

演练控制文件是一种为演练有效开展而提供的文本指导。结合演练实践和《国家电网公司大面积停电事件应急演练导则》要求，以演练脚本、PPT、流程图为核心要件的演练控制文件最为实用且必要。

（1）演练脚本。

演练脚本通常以剧本或表格的形式将参演人员所采取的应急措施具体化，描述应急演练各个环节、步骤对应的情景内容、处置行动及执行人员、指令与报告对白、解说词及备注等关键要素，使参演人员在对话及具体行动下增强执行规范性应急措施的能力。演练脚本的编制应符合以下要求。

①对照演练策划设计方案，理顺大面积停电事件的处置流程，明确其应急处置的核心任务、责任部门、对应的应急处置行动及各部门出场、行动的先后顺序，确保各部门之间应对的良好衔接，应急处置过程的流畅性。

②厘清脚本主要构成要素(演练阶段、解说词、动作及对白、备注)的标准、要求,具体如下:

a.按事件处置过程对演练阶段进行划分,实践中应急演练阶段划分方法通常有两种:其一,四阶段划分法,即分为初始应对、全面应对、扩大应急和应急终止四个阶段;其二,三阶段划分法,即分为监测预警、应急响应和响应结束三个阶段。按照大面积停电事件的处置特点,常选用第二种阶段划分方法。

b.解说词是对事件情景以及各部门任务动作的概述,起着承上启下的作用,用来介绍事件进展并引出后续任务动作等。解说词的编写要求清晰表述当前情景、事件进程,对任务动作有适当的重复概述,语言简练且通俗易懂。

c.动作及对白要针对应急处置任务、现实岗位职责,结合大面积停电事件处置流程进行设置。动作要求切实可行、符合实际并可有效展示;对白要求语言精练,具有一定专业性且重点突出。

d.备注是对演练中其他应注意事项的补充说明,例如:抢险救援过程中各救援人员应配备的防护设备、使用的工具和器材等。

(2)演练 PPT。

演练 PPT 是对演练脚本的浓缩提炼,要求清晰串联演练全程并有效辅助推演,使参演人员直观了解演练背景和进程,保证演练效果。演练 PPT 要求内容简洁而全面;对演练脚本进行提炼、总结,体现其逻辑性;图片、音频综合运用,便于提醒参演人员演练进程。大面积停电事件应急演练 PPT 的结构、内容、格式等应满足以下要求。

①封面。要求清晰展现演练主题,包括演练名称、时间、地点、主办单位、承办单位、设计单位等。一般地,对于电网公司自主举行的演练,演练名称为“国网××电力/供电公司××年大面积停电事件应急演练”,而对于政企联合的演练,演练名称则为“××省/市/县大面积停电事件应急演练”。

②参演单位说明。要求包含演练的应急指挥部,总指挥、副总指挥及成员单位,还要对指挥部下设应急功能组的人员组成及职责进行说明。

③安全提示。包括消防疏散指示、会场纪律、现场操作规范等。

④通信传输方式。清晰涵盖各演练现场/会场使用的通信传输方式,如视频会议系统、变电站遥视系统等。

⑤演练阶段划分。要求详细列出演练划分的各个阶段及各阶段的核心任务,便于观摩人员了解演练全过程。

⑥应急任务处置模块。要求分阶段展示演练核心任务,并对各核心任务的处置流程、责任主体和相关的配套数据进行说明,便于参演人员处置和观摩人员详细了解演练各任务包含的操作程序。

(3)演练流程图。

剧本形式的演练脚本对演练人员应急行为的规范虽具体,但内容冗长,不利于对演练全局的把握。演练流程图简化了各阶段应急任务及措施,是对演练脚本的高度凝练,便于应急主体对演练全程的总体控制。演练流程图要求分阶段绘制,不同阶段要做到脉络清晰、衔接顺畅,并且明确应急响应的部门、任务以及适当加入情景演练的关键要素。

三、大面积停电事件应急演练实施

1. 参演人员培训

演练正式实施前,需要对参演人员进行培训,其目的是告知参演人员的职责分工、任务要点和注意事项。在演练开始前,要充分利用互联网、微博、微信、移动客户端、广播等多种渠道开展演练宣教培训,对全体参演人员进行分层次、分角色培训,确保所有参演人员掌握演练规则,了解演练情景和各自在演练中的任务。对参演人员进行培训主要涉及以下三点。

(1)从演练脚本中提取并形成各参演单位/部门演练清单,包括本单位/部门参演人员构成、装备和设备需求清单、任务动作和对白,确保各参演单位/部门能够按照要求提供参演人员、装备和设备,并明确各自的演练任务。

(2)绘制包含各参演人员/单位在不同演练阶段的任务动作、对白、行动路线和作业区域的示意图,使各参演人员明确各自的演练任务如何开展。

(3)根据演练脚本编制能够清晰展示演练流程、参演人员、任务动作和对白及任务引导信号的参演人员培训指南,使参演人员在熟悉演练过程的基础上顺利完成各自的演练任务。

2. 预演彩排

应急演练可提前根据演练目的与要求,结合演练预期效果分阶段、分步骤开展预演彩排,逐步达到正式演练要求:首先进行分项预演,包括指挥层预演、执行层预演、操作层预演,在单项演练成熟后,组织开展第一次磨合性预演,达到参演人员熟悉整个流程的目的,再开始第二次的改进性综合预演,若发现问题,及时修改完善,确保正式演练过程流畅。有时也将预演彩排称作功能测试。

为贯通演练环节和展示可操作性,必须对演练方案,特别是演练脚本进行功能测试,即在高度仿真的情景和氛围中,借助对大面积停电事件的协调应对,检验参演人员(组织)在应急预案中的指挥、协调和综合能力,以及演练全阶段各部门应对方案、处置流程、职责分工的相互协调情况,并以此确定演练脚本中各任务动作的可操作性、科学性及时间序列。与桌面演练的讨论式演练不同,功能测试实质是在熟悉脚本基础上的现场排练，所有参演人员必须参加。功能测试同样需要安排导调官，为使演练场景逼真且衔接更加顺畅，通常还会安排 1 名专业影视导演，并安排 1 名或多名解说员对背景信息和参演人员任务动作等进行说明，使所有参演人员清楚了解演练进度，也能更好地展示演练效果。

对大面积停电事件应急演练设计的功能测试，可在导调官和专业导演指导下，先对演练现场进行渲染，如模拟器材布置、显示声光效果等，再按照已修订的演练脚本进行，具体过程如下：

(1)演练总指挥宣布演练开始。

(2)导调官宣布演练进入第一阶段：监测预警。

①导调官通过视频结合解说词的方式介绍此次演练的背景信息，烘托现场气氛。电网公司各相关部门迅速行动，分析研判风险强度，发布相关预警。

②导调官提供初始情景 1，即极端灾害天气造成部分电网发生故障，某区域发生大面积停电事件。电网公司大面积停电专项处置办公室组织相关部门分析汇总事故情况，报请专项处置领导小组批准后发布大面积停电事件预警通知。

(3)导调官宣布演练进入第二阶段：应急响应。

导调官通过视频结合解说词的方式介绍初始情景 2[电网故障范围进一步扩大，多个县(区)出现大面积停电事件]和模拟应对各场景，引导演练人员按照脚本拟定的流程和动作完成处置任务。

(4)导调官宣布演练进入第三阶段：响应结束。

导调官通过视频结合解说词的方式介绍“停电区域供电基本恢复，电网主干网架基本恢复正常”等信息，引导演练人员按脚本规定流程完成应急任务。

预演彩排结束后，应及时组织所有参演人员举行演练测试研讨会，针对演练过程中出现的问题进行反馈、探讨，形成修改意见及该次演练注意事项，确定演练时间线，并对演练脚本进行完善。借助功能测试，参演人员深刻体会演练进程中各自的职责与任务，为该次演练提供更加逼真的现场感和高参与度，也为在正式演练中正常发挥奠定基础。

建议功能测试与正式演练相隔时间不超过 2 天。

3. 正式演练及过程控制

(1)演练启动。

正式演练开始前，举行简短的启动仪式，演练主持人进行参演单位人员点名，演练总指挥宣布演练开始并启动演练活动。

(2)演练执行。

正式演练过程中,不同类别的人员按照演练方案和脚本开展演练,其中,直接参加演练的包括演练指挥人员(演练总指挥和指挥机构人员)、应急处置人员等参演人员,导调人员、演练控制人员、技术支持人员等工作人员;评估人员、观摩人员属于受邀人员,不直接参与演练过程。演练现场人员分工见图2-3。

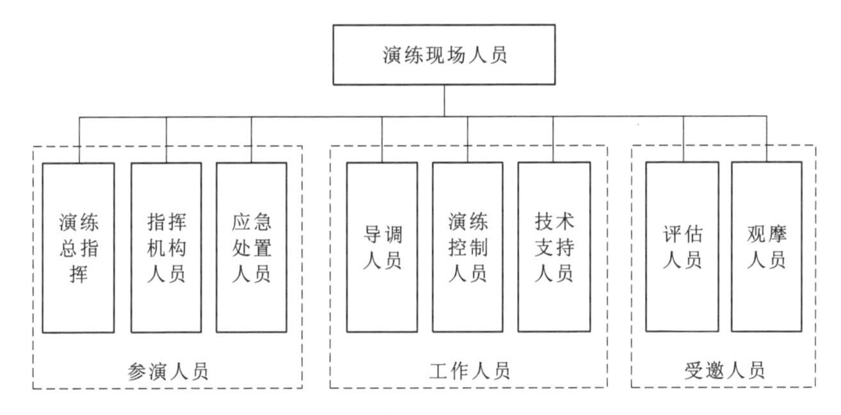

图2-3　演练现场人员分工

演练总指挥负责演练实施全过程的指挥。由总指挥授权导调人员对演练进行过程控制。

按照演练方案要求,应急指挥机构指挥应急处置人员,开展对模拟情景事件的应急处置响应行动,完成各项演练任务。

演练控制人员应熟知演练方案,按导调人员的要求,熟练发布控制信息,协调参演人员完成各项演练任务。

应急处置人员根据控制消息和指令,按照演练方案规定的程序开展应急处置行动,完成各项演练活动。

在需要的情况下,安排部分工作人员按照演练方案要求,模拟未参加演练的单位或人员的行动,并作出合理、及时的信息反馈,保证演练流程的完整性。

(3)过程控制。

演练过程控制可采取多视频场景切换、PPT、信息流推送等多种形式,由导调人员负责依照演练方案对整个演练过程进行控制。

在演练实施过程中,可以提前根据演练科目与场景,安排专人以口头或者PPT结合视频的方式来进行引导、解说。内容包括演练情景描述、过程讲解、旁白、案例介绍、环境渲染等。

①桌面演练过程控制。在桌面演练中,演练活动主要是围绕突发事件情景引导对应的任务来进行。由导调人员以口头或PPT结合视频的方式引导,引入一个或若干个与当前事件发展阶段对应的问题,参演人员根据应急预案及有关规定,采

取相应的应急处置响应行动。在角色扮演或推演式桌面演练中，由导调人员按照演练方案发出控制消息，参演人员接收到事件信息后，通过角色扮演或模拟操作，完成应急处置活动。

桌面演练的过程引导也可采用提前编制和录制好的 PPT 结合视频模式来进行。

②实战演练过程控制。在实战演练中，导调人员按照演练方案发出控制消息，控制人员向应急处置人员和模拟人员传递控制消息。应急处置人员和模拟人员接收到信息后，按照发生真实事件时的应急处置程序，或根据应急行动方案，采取相应的应急处置行动。

控制消息可以采用人工方式推送，也可以用对讲机、电话、手机、应急演练系统等传送，或者通过特定的声音、文字、标志、视频等方式呈现。演练过程中，控制人员应随时掌握演练进展，并向导调人员报告演练中出现的各种问题。

(4)演练结束。

演练完毕，由导调人员或者演练引导 PPT 给出演练结束信号，演练总指挥宣布演练结束。演练结束后，所有人员停止演练活动，按预定方案集合进行现场总结讲评。

四、大面积停电事件应急演练评估

演练评估是指观察和记录应急演练活动，比较应急演练参与人员的表现与演练目标的要求，并提出演练发现，目的在于确定演练是否达到演练目标和要求，检验参演人员完成任务的能力。对大面积停电事件应急演练的评估尤为重要。评估应按演练目标的实现程度为出发点，按照演练策划、设计、实施、总结的流程来开展，从任务设置、职责匹配和演练效果三个层面进行评估，包括过程评估和总结。

1. 演练评估任务

(1)演练评估指标体系构建。

一个完整的评估指标体系通常都是一个多层次的要素系统。评估指标体系的结构就是指各评估要素之间的相互关系及组合方式。实践中，需提前构建演练评估指标体系，即把所有的参评要素按内在的逻辑关系组合成一个完整体系，构成一个多层次的要素系统。

评估指标是进行应急演练评估的基础，任何评估都要运用一定的指标才能进行。一般情况下，评估指标体系的结构多呈金字塔型。其中，最高一层为主因素层，下层可按实际需要依次分为因素层和要素层。

综合上述，大面积停电事件应急演练评估指标体系分为三个层次：

①主因素层。包括演练策划阶段的指标、演练设计阶段的指标、演练实施阶段

的指标、演练总结阶段的指标。

②因素层。四个主因素中，每一个主因素又包含若干个因素，即二级指标。本指标体系共有15个二级指标。

③要素层。即本指标体系的三级指标。要素层采用可测的、可比的、可以获得的指标或指标群，构成指标体系的最基层要素。

按照上述体系结构，层层分解大面积停电事件应急演练指标，得到由4个一级指标、15个二级指标和58个三级指标构成的大面积停电事件应急演练评估指标体系。各个阶段的各级分指标结构框架如表2-8～表2-11所示。

表2-8　**演练策划阶段各级指标结构框架**

一级指标（主因素层）	二级指标（因素层）	三级指标（要素层）
演练策划阶段 A_1	演练需求 B_{11}	是否对区域风险和电网风险作了风险评估？C_{111}
		目标事件的选择是否符合现实风险？C_{112}
		演练目标能否体现待提升的应急能力？C_{113}
	演练管理 B_{12}	演练管理架构是否明确？C_{121}
		演练管理人员职责是否匹配？C_{122}
		演练管理任务梳理能否涵盖演练全过程？C_{123}
		演练管理人员任务是否明确？C_{124}
	演练保障 B_{13}	是否制定了演练保障方案？C_{131}
		演练保障措施是否完备？C_{132}
		是否按要求执行了演练保障措施？C_{133}

表2-9　**演练设计阶段各级指标结构框架**

一级指标（主因素层）	二级指标（因素层）	三级指标（要素层）
演练设计阶段 A_2	演练方案 B_{21}	是否编制了演练方案？C_{211}
		演练方案是否按照预案要求编制？C_{212}
		演练方案是否完备？C_{213}
	演练现场规则 B_{22}	是否编写了演练现场规则？C_{221}
		演练现场规则是否完备？C_{222}
	现场准备 B_{23}	演练现场的模拟场景是否满足演练方案的要求？C_{231}
		演练场景模拟是否逼真？C_{232}

表 2-10 演练实施阶段各级指标结构框架

一级指标（主因素层）	二级指标（因素层）	三级指标（要素层）
演练实施阶段 A_3	监测预警 B_{31}	是否实时向应急管理部门汇报风险监测内容？C_{311}
		汇报内容是否全面？C_{312}
		是否组织会商对风险分析研判？C_{313}
		预警时发出的通告内容是否全面？C_{314}
		预警通告方式是否合适？C_{315}
		预警级别划分是否恰当？C_{316}
		所采取预警响应措施是否符合预案要求？C_{317}
		预警响应措施是否全面？C_{318}
	信息收集与报告 B_{32}	是否与外部风险监测单位进行信息实时共享？C_{321}
		是否通知到大面积停电事件应急处置各责任主体？C_{322}
		是否将电网故障信息上报政府和上级部门？C_{323}
		是否有信息续报和终报？C_{324}
		信息报告内容是否全面？C_{325}
		信息报告程序是否规范？C_{326}
		信息报告时限是否符合要求？C_{327}
	先期处置 B_{33}	是否迅速按要求开展电网设备抢修和设备恢复工作？C_{331}
		是否及时调整电网运行方式？C_{332}
		操作程序是否符合要求？C_{333}
		是否将电网故障信息及时通知各处置机构和人员？C_{334}
		是否将故障处置情况及时上报？C_{335}
	应急响应 B_{34}	响应分级是否符合预案要求？C_{341}
		所有现场应对人员能否正确操作相应的应急设备？C_{342}
		应急抢修人员能否及时修复故障或控制事故影响范围？C_{343}
		现场应对人员是否配备符合安全要求的防护装备？C_{344}
		通信系统是否可以正常工作？C_{345}
		现场指挥部搭建是否及时？C_{346}
	公共信息 B_{35}	是否回应媒体和公众的电话询问？C_{351}
		负责回应电话询问的人员所提供的信息是否是实时信息？C_{352}
		向媒体和公众发布的信息是否及时、准确、通俗易懂？C_{353}
		提供给媒体和公众的信息是否一致？C_{354}
		是否采取措施控制谣言？C_{355}

表 2-11　　　　演练总结阶段各级指标结构框架

一级指标（主因素层）	二级指标（因素层）	三级指标（要素层）
演练总结阶段 A_4	现场讲评 B_{41}	演练结束后是否组织领导专家现场点评？C_{411}
		点评内容是否全面？C_{412}
	总结与反馈 B_{42}	演练结束后是否对演练全过程进行分析总结？C_{421}
		总结内容是否全面？C_{422}
		演练结束后是否组织参演人员即时反馈？C_{423}
	文件收集与复盘 B_{43}	演练结束后，是否保存好与事件相关的记录、日志及报告等文件资料？C_{431}
		能否根据与事件相关的记录、日志及报告等文件资料复盘演练全过程？C_{432}
	整改提升 B_{44}	是否就演练当前出现的问题展开原因分析？C_{441}
		是否制定后续的改进方案与提升计划？C_{442}
		应急预案是否得到充分验证和检验，并发现不足之处？C_{443}

(2)演练评估手册(表)制作。

演练评估手册由评估人员观察参演人员的应急行动、记录观察信息和整理评估结果的系列评估表构成。评估表是对演练目标、参照标准及评价方法的细化和扩展，便于评估人员观察参演人员的应急行动、记录观察信息、整理评估结果，由评估人员信息(姓名、部门、职务、电话、观察点及时间)、评估要点(演练阶段、演练环节、评估指标、完成度)和其他观测结果(记录演练评估过程中评估人员的其他评价、关注点或观察结果)等三部分构成，可辅助控制/导调人员让演练沿预设轨迹进行并考察符合度与达成度，最后对演练全过程进行总结并形成演练评估报告。

2.演练评估的组织实施

组织评估主要考虑评估人员的选拔、评估内容、要点的讲解、评估过程中评估人员的站位、需观察的关键过程、打分注意事项等内容。评估打分完成后，及时将结果反馈给汇总人员进行汇总，然后综合打分。演练评估主要包括评估培训、评估观测和即时反馈三项内容。

(1)评估培训。

演练实施前召集评估人员参加情况介绍会，对演练的总体情况、演练场地和区域、演练场景、评估人员的职责、评估内容、评估要点以及评估方法进行介绍，确保评估人员清晰了解演练过程。

(2)评估观测。

评估人员需要观察参演人员所采取的行动和作出的决定,以便在演练结束后向参演人员告知其表现,即"哪些任务完成得较好,哪些有待提升",具体包括:

①根据演练评估表单观察演练过程并记录;

②观察演练目标/科目的实现过程以及实现程度;

③观察参演人员采取的行动是否符合预案要求;

④记录演练中存在的问题和不规范的行为;

⑤综合以上形成书面意见并提交。

(3)即时反馈。

即时反馈是指演练结束后,在导调官或主持人的组织下,参演人员对自己的任务完成情况进行反思,通常在演练结束后立刻进行。基于即时反馈收集到的信息可以在演练评估报告中使用,演练建议也可以用于改进未来的演练。即时反馈通常由以下步骤构成:

①主持人/导调官介绍即时反馈的目的、意义和具体安排;

②主持人/导调官带领参演人员回顾演练过程,必要时,可以通过录像回放的方式进行;

③参演人员分组讨论演练中各自任务的实现程度;

④参演人员汇报讨论结果或填写评价反馈表;

⑤主持人/专家进行总结。

演练结束后,进行即时反馈是全面评价演练是否达到预期目标,应急准备水平、应急处置能力是否需要改进的一个重要步骤。大量演练管理实践表明,即时反馈能充分体现演练评估的价值,即构建参演人员评价反馈表,在演练结束后按参演单位/部门提交反馈意见,获取针对演练设计、演练组织、个人表现等科目的参演人员意见或建议,借助真实的用户体验检视每一项演练设计,有效开展对日常应急管理的"行动—反思—提升",切实体现演练强化应急准备与处置能力的价值。抑或在演习结束后立即举行评估人员和参演人员的交流会。交流会为评估人员提供了澄清要点或者收集缺失信息的机会。评估人员通过与参演人员的讨论以及参演人员的反馈表收集额外的资料,从而补充他们缺失的资料。交流会应该在演习之后立即举行,通常是在演习结束的当天。对于有几个参演地点的演习来说,在每一个地点都应该举行交流会。

3.现场点评

在演练的某一阶段或所有阶段结束后,由演练总指挥、总策划、专家评估组组长等在演练现场有针对性地进行讲评和总结。内容主要包括本阶段的演练目标、参演队伍及人员的表现、演练中暴露的问题、解决问题的办法等,其目的是以专业

的角度对演练实施效果进行评价。主要从演练场景设置的合理性、处置方案的实用性、下达指令的简洁性和直接性、处置任务的动作准确性、现场指挥人员的动作连贯性、参演人员的积极性等方面展开。

4.演练评估总结报告

主办单位应在演练结束后10个工作日内，组织开展演练评估，调取并查阅演练准备过程文档资料、现场文字和音视频记录、现场点评结果、应急预案等材料，对演练进行系统、全面的总结，对演练准备、方案、组织、实施、效果等进行全过程评估，形成演练总结报告。演练总结报告的内容包括：

①此次演练的基本情况和特点，含演练时间、地点、气象条件等；

②参与演练的应急组织、单位和部门；

③演练情景与演练方案；

④演练目标与演练范围；

⑤演练的主要收获和经验；

⑥演练中发现的问题及改进措施、建议；

⑦对应急预案和有关执行程序的改进建议；

⑧对应急设施、设备维护与更新方面的建议；

⑨对应急组织、应急响应能力与人员培训方面的建议等。

五、西北区域应急协调联动拉动式演练实务

以西北区域应急协调联动拉动式演练为例，具体介绍在大面积停电演练管理实际工作中，科目选择、场景设置、演练效果呈现、评估重点选取等问题。

西北区域应急协调联动拉动式演练是为落实国网安监部关于下达应急演练、培训及应急体系建设的要求，加强西北电网各省（自治区）公司应急救援基干队伍建设，提高基干队伍应急处置技能，增强基干队员体能，提升应对突发事件的快速反应和有效处置能力，检验跨省协调联动水平，加强省际应急基干队伍交流学习的演练。

此次拉动式实战演练分为现场驻地建设、应急救援搜救破拆、高空应急救援、灾民临时安置板房配电安装、无人机保障、应急通信保障、后勤（餐饮）保障等7个演练科目，由陕西、甘肃、青海、宁夏、新疆五省（自治区）电力公司应急基干队伍成员52人协调联动、相互配合共同完成。

演练情景模拟在陕西西安地区突发里氏6.5级地震，出现部分房屋倒塌、人员被埋以及电网受损，灾区居民安置板房急需供电。在应急处置过程中，出现线上抢修人员被困，需要高空救援等突发情况。国网西北分部根据灾情发展态势，立即启动应急响应，指挥协调甘肃、青海、新疆、宁夏四省（自治区）电力公司与陕西省电力

公司协调联动，提供有力支援，开展联合应急处置，完成指挥部现场驻地建设、应急救援搜救破拆、高空应急救援、灾民安置板房配电安装等工作，在应急处置过程中，充分发挥先进技术装备的作用，动用了无人机进行现场灾情勘察、建立现场通信，保障现场与应急指挥中心的信息传输，为应急救援提供有力的决策支持与技术保障。

演练科目根据实际情况设置，最大限度地贴近实战，科目采用串行与并行相结合的方式完成，全部演练科目完成预计时长约为 90 分钟。

1. 现场驻地建设

该演练科目主要考查应急队伍对现场驻地的快速搭建技能，包括帐篷、应急通信网络、指挥部照明搭建等方面。

(1)演练内容。

现场驻地建设科目包括现场指挥部搭建、现场医疗救助点搭建、现场住宿帐篷搭建。

①现场指挥部搭建。

搭建 5 米×8 米框架式帐篷 1 顶，设置拉线及排水沟。

完成帐篷内设备设施布置(计算机、打印机、办公桌椅)。

利用卫星便携站搭建临时应急通信网络，将指挥部内图像传至中心站，保证音视频互通(设置 3G 网络设备 1 套，在卫星便携站无法使用时备用)。

利用 1 台移动照明灯塔为营区提供泛光照明，高杆灯升降到位，灯亮。

指挥部内利用护套线连接至帐篷，电源进户，安装照明灯 2 个，多用插座 2 个，启动移动照明灯塔发电机提供临时电源。户外搭设临时配电箱 1 个。

②现场医疗救助点搭建。

搭建 3 米×4 米框架式帐篷 1 顶，设置拉线及排水沟。

完成医疗救助点帐篷内设备设施布置(行军床 2 张，急救箱 2 个，担架 2 副，骨折固定夹板 2 副，长条桌 1 张，凳子 2 个)。

利用护套线连接至帐篷，电源进户，安装照明灯 1 个，多用插座 2 个。

③现场住宿帐篷搭建。

搭建 3 米×4 米框架式帐篷 1 顶，设置拉线及排水沟。

完成住宿帐篷内设施布置(行军床 4 张，长条桌 2 张，凳子 4 个)。

利用护套线连接至帐篷，电源进户，安装照明灯 1 个，多用插座 2 个。

(2)场景设置及场地要求。

①场景设置。

在地震灾害发生后，应急队伍赶赴现场开展应急救援工作，首先建设应急队伍现场驻地，此次演练搭建现场指挥部、现场医疗救助点、现场住宿帐篷各 1 个。

②场地要求。

场地25米×16米，场地内土质松软，适合帐篷搭建。具体见现场平面布置图。

(3)演练过程。

①人员配置及任务分工。

国网甘肃省电力公司8名队员、配合单位5名队员，首先13人共同完成5米×8米指挥部帐篷搭建，并完成指挥部内设备布置；然后分两组分别架设3米×4米医疗帐篷和住宿帐篷，完成帐篷内设施布置。

②实操步骤。

以下步骤不分先后顺序，最终完成即可。

按规定搭建帐篷，利用地钉稳固拉线，设置排水沟。

现场指挥部搭建：帐篷内摆设2张桌子，4把凳子，摆放合理、平整；将电脑与打印机连接，按要求打印相关文件(驱动程序已安装)。现场医疗救助点搭建：帐篷内摆设2张行军床，2个急救箱，2副担架，2副骨折固定夹板，1张长条桌，2个凳子，摆放合理、平整。现场住宿帐篷搭建：帐篷内摆设4张行军床，2张长条桌，4个凳子，摆放合理、平整。

移动照明灯塔按照操作流程操作，高杆灯升降到位，提供泛光照明。

移动照明灯塔作为电源，护套线经杉木杆(现场预埋)接入配电箱(安装漏电保护开关四个，一路进线，三路出线)，三个漏电保护开关分别控制灯、两个插板；其中：配电箱箱体重复接地；配电箱下口距离地面1.4米；配线规范，横平竖直，安装工艺符合验收规范。

护套线应按规定固定在杉木杆顶端，导线采用架空架设、长度合理，护套线架空进入帐篷后，可用扎带固定在帐篷内框架撑杆上，灯及开关布置在帐篷内中心线上，插座从地面走线由桌腿延伸到桌面(地面部分穿管走线)。要求：距离地面垂直高度1.8米以下做好保护措施；距离地面垂直高度1.8米，插板使用软线进线；距离地面垂直高度1.4米，连接处使用接线盒。

卫星便携站搭建：将卫星便携站各设备摆放、组装到位，配置相关参数，启用卫星便携站与设定的视频会议终端调试，保障能正常召开会议。

③演练时长。

现场指挥部、现场医疗救助点和现场住宿帐篷搭建共计60分钟。

④评估要点。

a.帐篷搭建：按说明书要求设置拉线、地锚固定好帐篷；帐篷金属框架组装牢固，管材及连接件连接组装正确、到位，吻合严密；帐布组装美观、严密、平整；地锚牢固，拉线两端绳结简洁、规范、紧固、适用；帐篷四周挖好200毫米宽、200毫米深的排水沟，下沿四周培土帘以土压实，成斜面以引流雨水。

b. 帐篷内设备布置：行军床、医疗设备、桌椅板凳布置整齐、到位；电脑及打印机安装到位，电脑与打印机工作正常。

c. 卫星便携站使用：卫星便携站各设备摆放到位，线缆、接口连接正确、紧密，设备正确加电启动，正确配置卫星天线、控制终端、卫星猫的重要参数；正确使用卫星站；正确配置视频会议终端的重要参数，保障会议能正常召开。

d. 移动照明灯塔应用：启动灯塔前对外观及附件进行检查；按照操作规范正确启动发电机；支撑、升灯塔、打开照明、调整照明方向等操作正确。

e. 配网搭建及供电：配电箱内设备安装及布线符合安装及工艺要求；帐篷内布线及开关、灯头、插座按安装及工艺要求连接；送电顺序正确。

(4)演练装备及器材。

演练装备及器材见表 2-12。

表 2-12 演练装备及器材(1)

序号	名称	型号/要求	数量	单位	备注
1	全方位移动照明灯塔	SFW6130B 全方位移动照明灯塔，提供外接输出电源；输出插头：工业防水插头，电流 3×16A-6A，电压 220～250 伏，防水等级 IP44	1	座	
2	5 米×8 米框架式班用帐篷	09-5 型军用棉质班用框架帐篷(圆管)	1	套	
3	3 米×4 米框架式班用帐篷	09-5 型军用棉质班用框架帐篷(圆管)	2	套	
4	计算机		1	台	
5	打印机		1	台	
6	安全帽		13	顶	其中红色 1 顶
7	工具包	电工包	13	个	
8	活动扳手		13	把	
9	铁榔头		13	把	
10	十字螺丝刀		13	把	
11	一字螺丝刀		13	把	
12	尖嘴钳		13	把	
13	平口钳		13	把	
14	电工刀		13	把	
15	剥线钳		13	把	

续表

序号	名称	型号/要求	数量	单位	备注
16	人字梯		2	把	
17	工作负责人（监护人）背心	反光背心	1	件	
18	安全围栏	10 米，不锈钢，地插式	20	副	
19	劳保手套		13	双	
20	防潮垫布（工作布）	2 米×2 米	2	块	
21	铁锹		10	把	
22	锹镢		10	把	
23	杉木杆		2	根	预埋
24	低压配电箱	300 毫米×400 毫米×180 毫米	1	个	
25	低压漏电保护空气断路器	C32	4	只	
26	开关	枕头开关	4	只	
27	插线板	公牛 GN-414/414K	8	个	
28	灯座	普通螺口	4	个	
29	灯泡	节能灯 40 瓦	4	个	
30	护套线	BVVB-3×2.5	300	米	
31	护套线	BVVB-3×1.5	300	米	
32	护套线	BVVB-2×1.5	300	米	
33	护套线	RVV-3×2.5	300	米	
34	PVC 直管 ϕ32		100	米	
35	PVC90°弯头 ϕ32		60	个	
36	PVC45°弯头 ϕ32		60	个	
37	PVC 直接 ϕ32		40	个	
38	PVC 三通 ϕ32		20	个	
39	尼龙扎带	5 毫米×200 毫米	2	袋	
40	尼龙扎带	6 毫米×400 毫米	2	袋	
41	护套线接线盒	50 毫米×65 毫米×55 毫米	4	个	

续表

序号	名称	型号/要求	数量	单位	备注
42	接地极		2	根	
43	接地线 BV-4	黄绿双色	1	根	
44	塑料扎带(长)		1	袋	
45	铜芯双绞软花线(RVS2×0.75)		50	米	
46	铜芯橡皮软绝缘线 BX-3×2.5		50	米	
47	电缆线盘(带插座)	公牛 GN-804D 电缆卷盘，长 30 米，线径 2.5 毫米	1	个	
48	塑料扎带(短)		1	袋	
49	绝缘胶带		2	圈	
50	卫星便携站	陕西公司现有卫星便携站，配 2 千瓦静音发电机	1	套	
51	长条桌		5	张	
52	凳子		10	个	
53	行军床		6	张	
54	急救药箱		2	个	
55	担架		2	副	
56	骨折固定夹板		2	副	

(5)其他事项。

需要工器具材料时，提前摆放好。

2.应急救援搜救破拆

综合应用应急救援的搜救技术(人工搜救、技术搜救)及破拆技术(切割技术、剪切技术、凿破技术、支撑技术)，使用合理的装备器材在混凝土构件或其他障碍物上创建营救通道。通过开展应急救援搜救破拆科目演练，展示电力应急救援破拆装备器材，锻炼电力应急救援基干队伍科学合理、安全高效地使用特种应急装备工器具处置突发事件的能力，提高电力应急人员应对紧急情况的能力。演练科目重点是注重实战，突出可操作性。目的是快速、有效地抢救伤员，最大限度地减少伤亡人数。

(1)演练内容。

①定位搜救。

用定位搜救生命探测仪等装备在设置的模拟废墟中寻找被困者,确认被困者的具体位置。

②破拆演练。

在确定位置后,制定救援破拆方案。利用手动破拆工具对斜坡上水泥预制板进行开凿作业,形成观察孔,观察寻找掩埋被困者及伤员;利用电动液压剪切钳将水泥预制板中钢筋切断;利用电动液压扩张钳扩开压在被困者上方的水泥板,利用电动液压多功能顶杆将水泥预制板顶起,用垫块做好安全防护支撑,形成有效救援通道,将掩埋被困者及伤员救出。

(2)场景设置及场地要求。

①场景设置。

假想发生6.5级地震,震感强烈,地震引起建筑物垮塌较为严重,形成建筑废墟,建筑物中人员未逃离至安全空旷场所,被垮塌的水泥预制板件掩埋,急需救援。

②场地要求。

在演练区域内,设置5米×5米安全围栏将场地三侧隔离。以场地现有地坪为基准面,用水泥预制板堆砌一个长1.8米×宽1米×高0.6米的长方体。使模拟人平躺在长方体内的地坪上,正上方铺盖水泥预制板,左右前后四侧设带有70°斜坡用水泥预制板铺盖,各水泥板铺盖后,缝隙填补严实,表面呈70°斜坡,不得留有较大缝隙。场地示意如图2-4所示。

注:水泥预制板尺寸可根据实际选配,以模拟人身高为基准。

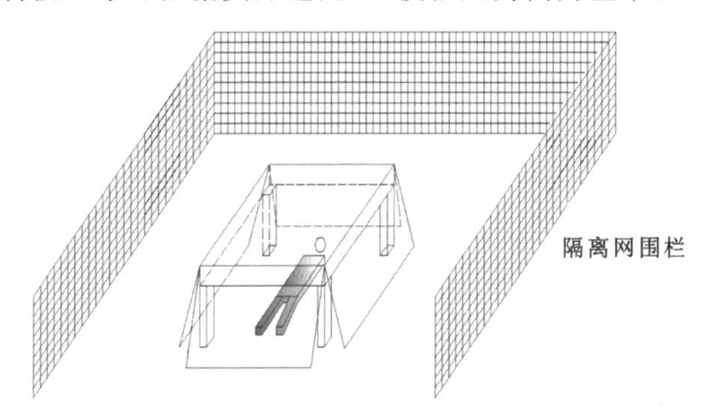

图2-4　场地示意图

(3)演练过程。

①人员配置及任务分工。

a.负责单位及人员。

负责单位为国网青海省电力公司;参演人员为5人。

任务分工：1名队员负责指挥、确定方案，1名队员负责用定位搜救生命探测仪寻找伤员；2名队员负责操作手动破拆工具、电动液压剪切钳、电动液压扩张钳；1名队员负责操作电动液压多功能顶杆。

b.配合单位及人员。

参演人员：4人。

任务分工：1名队员负责配合操作手动破拆工具，1名队员负责配合操作电动液压剪切钳，1名队员负责配合操作电动液压扩张钳，1名队员负责配合操作电动液压多功能顶杆。

②实操步骤。

a.演习开始，基干队员接到指挥部下达的救援指令，科目队长迅速集结人员及装备，1名队员提前通过定位搜救生命探测仪寻找伤员，确认垮塌建筑物中被掩埋人员的具体位置，并做好标注，用对讲机报告。

b.接到搜救队员报告后，队长派出队员前往目的地实施救援破拆作业。制定救援方案后，2名队员利用手动破拆工具对废墟中右侧斜坡上水泥预制板进行开孔。开孔后观察，发现水泥预制板下方有受困受伤人员（模拟人），回应急需补充水分。

c.2名队员用电动液压剪切钳将右侧斜坡水泥板中钢筋切断，切断后，2名队员用电动液压扩张钳将切开的水泥预制板扩开，将矿泉水递给模拟人。

d.2名队员用电动液压多功能顶杆将水泥预制板顶起，打通救援通道，做好安全支撑后，2名队员将模拟人救出，并安全放置到医疗担架上送往急救医疗站进行抢救。

③演练时长。

演练时长40分钟。

④评估要点。

能熟练掌握特种装备操作使用方法，在发生灾害情况下，利用定位搜救生命探测仪第一时间找到被困人员，能利用特种装备快速破拆，切除倒塌建筑钢筋，工作效率高，实现切割、打孔、支撑的目的。

(4)演练装备及器材。

演练装备及器材见表2-13。

表2-13 演练装备及器材(2)

序号	名称	型号	数量	单位	备注
1	手动破拆组合工具	PRT	1	套	自带
2	电动液压多功能钳	LUKAS:SC357 E2	1	套	自带

续表

序号	名称	型号	数量	单位	备注
3	电动液压扩张器	LUKAS:SP310 E2	1	套	自带
4	电动液压剪断器	LUKAS:S700 E2	1	套	自带
5	电动液压双级救援顶杆	LUKAS:R421 E2	1	套	自带
6	定位搜救生命探测仪	2916JC	1	套	自带
7	对讲机		8	部	自带
8	水泥预制板		5	块	现场准备
9	模拟人		1	个	现场准备橡皮人

3.高空应急救援

考查高空应急救援科目的主要目的是促进应急救援基干分队队员熟练掌握应急救援风险评估与高空应急救援技术基础知识，巩固和强化应急救援基干分队队员绳索救援技能、风险评估能力、救援理念意识、救援指挥和团队合作能力，丰富实战经验，结合实际做到“平战结合”，不断提升应急救援队伍实战能力，充分发挥新疆送变电疆内超特高压应急抢修及救援工作的作用，对减少或避免人身意外伤害，提高企业社会影响力，塑造企业良好社会形象有着积极的推动作用。

(1)演练内容。

①救援前准备工作；

②搭建高空保护站、释放伤员；

③现场急救；

④救援结束后总结、点评。

(2)场景设置及场地要求。

①场景设置。

西安发生强烈地震，地震导致多处房屋倒塌。在线路检修工作中，检修公司作业人员受地震影响悬挂在导线上无法自救，需他人进行救助。由于伤员所处位置特殊，无法借助大型救助施工机械。现场参与工作的应急救援基干分队队员对伤员(模拟伤员)进行现场紧急救护，在团队协调配合下将伤员从导线上释放到地面并转移到安全地带。

②场地要求。

现场攀爬墙作模拟输电线路，在横担处架设双分裂导线，水平排列。

场地满足救援条件。

周边环境安全，无噪声。

(3)演练过程。

①人员配置及任务分工。

a.救援负责人(1人)职责:

了解伤情、呼叫救援、制定救援方案,按照救援方案统一指挥现场救援。

突发事件发生后立即抢救伤员,向医疗机构求助,向本单位部门主管领导汇报。

救援前检查场地条件是否符合要求。

救援前进行危险点告知,向全员交代保证组织措施和技术措施安全、到位。

与救援成员协调配合,正确、安全地实施营救,遵守操作规程,正确使用安全防护用品,及时纠正不安全行为。

b.救援监护人(1人)职责:

维护现场秩序,时刻关注作业人员的状态,发现有坠落隐患及时制止。

关注现场救援环境,若发生变化,及时通知救援团队应对。

对伤员现场止血、包扎,组织地面救援人员将伤员抬至担架上并固定,搬运至指定救援疏散地。

c.救援人员(6人)职责:

参与制定救援方案,确定人员分工,保护现场,准备救援装备,实施高空救援。

服从救援负责人和监护人的工作安排。

遵守安全规章制度,遵守劳动纪律。听从救援负责人统一指挥,安全地实施救援,正确使用救援装备和劳动防护用品。

高空救援人员(主救)负责具体救援操作,建立救援系统将提拉(释放)绳安装在受困者安全带上,将止坠器安装在主绳上并解除悬挂二保绳。在解救高空伤员过程中应不断与伤员交流,询问其伤情,防止其昏迷,并纠正其不正确姿势。

地面救援人员和两名配合人员为救援人员(辅救),负责地面配重并配合主救在解除悬挂安全绳时提拉受困人员,解除后释放受困人员。

另外两名配合人员为救援人员(接应伤员),负责在受困人员接近地面时接应,避免受困人员身体在回到地面后呈平躺状态,使用吊索、绳子、椅子等物件使伤员保持“M”形坐姿至少30分钟。

受困人员在悬挂过程中注意自身保护,变换悬挂点位置,促进血液循环,救援过程中保持冷静。

d.救援人员技能要求。

经过国家电网或组织的专业绳索救援培训且成绩合格,掌握绳索高空救援技能,能够熟练架设提拉系统、释放系统,熟悉各种常用绳结的打法,掌握高空速降、上升技术以及下方保护、上方保护技术。

救援小组人员分工配置见表 2-14。

表 2-14 救援小组人员分工配置表

序号	分工		职责
1	救援小组负责人		(1)救援前检查场地条件是否符合要求。 (2)救援前进行危险点告知,向全员交代保证组织措施和技术措施安全、到位。 (3)与救援成员协调配合,正确、安全地实施作业,遵守操作规程,正确使用安全防护用品,及时纠正不安全行为
2	救援组成员	救援监护人	(1)服从救援负责人或监护人的工作安排。 (2)遵守安全规章制度,遵守劳动纪律。 (3)与救援负责人协调配合,正确、安全地实施救援,遵守操作规程,正确使用电工工具和劳动防护用品
		救援人员(高空)	
		救援人员(地面)	
		受困人员	
		救援人员(配重辅救)	
		救援人员(配重辅救)	
		救援人员(接应伤员)	
		救援人员(接应伤员)	

②实操步骤。

救援方案确定:根据演练现场环境,受困导线下方无障碍物,推荐使用无陪伴释放救援方案。

适用环境:该方案为国家电网推广的常规救援方案,可满足绝大多数输电线路工作场景(净空距离 60～80 米,且下方无障碍物)下受困人员救援需求。

技术要点:高空与地面救援人员协同提拉摘除被困人员后备保护绳。

具体救援步骤见表 2-15。

表 2-15 救援步骤

序号	项目	作业步骤及内容	工艺质量及安全注意事项
1	救援前的工作	(1)救援负责人(监护人)向参与救援人员安全技术交底,明确作业内容、范围、人员分工,告知安全注意事项、危险点及预控措施,并确认签字。 (2)救援负责人(监护人)组织现场勘察,确认是否符合救援条件。 (3)检查现场救援装备、安全防护用品及救助物资是否合格、齐备	(1)所有人员正确佩戴安全帽并穿着工作服,持证作业。 (2)若现场作业条件及安全防护措施不完善,不得开始作业。 (3)所有救援装备、个人防护用品、救助物资合格、齐备,状态完好

续表

<table>
<tr><th>序号</th><th>项目</th><th colspan="2">作业步骤及内容</th><th>工艺质量及安全注意事项</th></tr>
<tr><td>2</td><td>登塔</td><td colspan="2">受困人员、主救人员登塔就位</td><td>(1)登塔过程中受困人员与主救人员利用牛尾、保护绳交替登塔，过程中不得失去保护。
(2)受困人员到达释放位置后，将二保绳环绕在两根导线上，建立二道保护。地面人员利用释放绳将被困人员释放到指定位置，并解除释放绳</td></tr>
<tr><td rowspan="2">3</td><td rowspan="2">搭建高空保护站、释放伤员</td><td>建立保护站</td><td>(1)勘察现场，确定保护站建立位置。
(2)建立主绳及提拉(释放)绳保护站</td><td>(1)保护站必须牢固、稳定，必须达到承重要求。
(2)救援人员建立保护站过程中不得失去双重保护，将牛尾及保护绳分别挂在塔材上</td></tr>
<tr><td>提拉伤员解除悬挂二保绳</td><td>(1)救援人员将胸式上升器及手持式上升器挂在主绳上，蠕虫式下降至受困人员位置。
(2)将提拉(释放)绳扣环挂于受困人员安全带扣环上，将止坠器挂在主绳上(操作人员下方)，地面辅助人员将人员提拉至悬挂二保绳不受力状态，主救人员解除悬挂二保绳。
(3)地面辅助人员将防恐慌自动制停下降保护器(IDS)挂于释放(提拉)绳尾绳，慢慢释放至地面</td><td>(1)转移至主绳过程中，不能失去双重保护，胸式上升器及手持式上升器悬挂在主绳上后，方可解开塔材双重保护。
(2)地面辅助人员一人利用 IDS 释放受困人员，另一人扶稳释放操作人员，接应伤员的救援人员及时收尾绳。
(3)接应伤员的救援人员用膝盖托住受困人员使之保持坐立姿势后，地面辅助人员解除释放绳及止坠器，合力将受困人员放置到卷式担架保持坐立姿势至少 30 分钟。
(4)释放过程中必须协调配合，听从救援负责人统一指挥</td></tr>
<tr><td rowspan="3">4</td><td rowspan="3">现场急救</td><td>现场止血</td><td>根据受伤位置采取相应的止血方法</td><td>止血方法正确</td></tr>
<tr><td>现场包扎</td><td>根据要求做规定部位的现场包扎</td><td>包扎方法、位置正确</td></tr>
<tr><td>伤员搬运</td><td>(1)伤员坐立 30 分钟后，使其平躺在担架上并将其固定。
(2)用担架将伤员搬运至指定位置</td><td>(1)固定方法正确。
(2)抬起时，左后方救援人员为发令者，发出“预备”口令时，所有救援人员靠近担架侧单膝跪地，发出“起”口令时，同时将伤员抬起。
(3)搬运路线前方，引路人员及时疏散人群并排除道路隐患。
(4)搬运平稳，方法正确</td></tr>
</table>

续表

序号	项目	作业步骤及内容	工艺质量及安全注意事项
5	救援结束后的工作总结	(1)集合所有队员。 (2)讲评救援情况。 (3)对救援过程中存在的问题及时指出	(1)将救援工具、防护用品、救护用品摆放整齐,清点回收并检查有无遗漏,清理现场。 (2)作业完成后应召开收工会,对作业完成情况、安全规定执行情况做出总结、点评

③演练时长。

演练时长 10～15 分钟。

④评估要点。

评估要点见表 2-16。

表 2-16 评估要点

序号	项目		质量要求	检验结果
1	作业前的工作	作业内容、要求、分工及安全交底	作业内容及安全、技术措施完善并告知所有成员	
		现场勘察	场地条件符合作业要求,无干扰及不安全因素	
		装备、工器具及个人防护用品准备	救援工具及防护用品规格型号准确,合格、齐备	
		人员着装及个人防护用品穿戴	穿着应急救援服并正确佩戴安全防护用品	
2	搭建高空保护站、释放伤员		操作场地必须经过勘查,注意周边地形地貌	
			攀爬、转移、操作过程不能失去双重保护	
			保护站要牢固稳定,能够达到承重的要求	
			救援系统搭建合理	
			救援者和被救者的安全装备穿戴正确、固定牢靠	
			释放过程中匀速释放,不得有冲坠,配合协调,听从统一指挥	
			搬运受困者方法正确,不得造成受困者二次伤害	

续表

序号	项目	质量要求	检验结果
3	现场急救	根据伤员受伤严重程度、位置，合理移动伤员	
		止血方法正确	
		包扎方法、位置正确	
		搬、抬方法正确	
		固定方法正确	
		搬运平稳，方法正确	
4	安全及文明生产	遵守操作规程及安全注意事项	
		救援工具、个人防护用品、救护用品摆放整齐	
		不损坏工器具，无野蛮作业，无人员受伤	
		作业完成后，整理工具材料入库，清理现场	
		救援完成后应召开总结会，对救援完成情况、安全规定执行情况做出总结、点评	

(4)演练装备及器材。

演练装备及器材见表2-17。

表2-17　演练装备及器材(3)

序号	名称	型号/要求	数量	单位	备注
1	用于绳索前进的舒适型安全带	PETZL C71CFA	5	条	
2	安全帽	上海海棠	5	顶	
3	D形丝扣主锁	PETZL OMNI Triact-Lock	20	把	
4	成套快挂	C120 直门锁	10	把	
5	O形丝扣钢锁	M72 SL 钢锁	20	把	
6	60厘米扁带	C40 A60	10	条	
7	120厘米扁带	C40 ANNEAU 120	10	条	
8	挽索	L34ARI	10	条	
9	菊绳	SD120DNEW	10	条	
10	脚蹬圈	PETZL 可调节尼龙扁带脚踏环	10	条	
11	下降保护器	PETZL I'D S	5	个	

续表

序号	名称	型号/要求	数量	单位	备注
12	胸式上升器	PETZL CROLL	5	个	
13	手持式上升器	PETZL ASCENSION (Right)	5	个	
14	双滑轮	运输专用双滑轮(绳索及钢缆)	2	个	
15	单滑轮	高效轻型 Prusik 滑轮	2	个	
16	分力板	PETZL-P63	2	个	
17	势能吸收器	L57	5	条	
18	止坠器	PETZL ASAP B71 可携式防下坠器	5	个	
19	10.5 毫米静力绳(50 米)	直径 8 毫米,长度 10 米	4	条	
20	对讲机		5	部	
21	救援专用背包	超耐磨大容量背包	5	个	
22	公用装备包	帆布	1	个	
23	工作手套	棉质	10	副	
24	保温急救毯		5	条	雨季、冬季配备
25	望远镜	36 倍以上,防抖动型	5	个	
26	急救药箱	至少包含碘酊(2%)、酒精(75%)、红药水、止血棉垫、止血绷带、云南白药、夹板等	1	个	
27	救援担架	多功能救援担架或抢险救援担架	1	副	
28	绝缘斗臂车		1	辆	根据情况准备

(5)其他事项。

①搭设的应急救援演练设施,导线、架体、拉线等各方承载力必须满足高空救援的要求。

②对悬挂在高空的受困人员进行施救的过程中要防止被救人员和施救人员出现高坠。

③救援过程中要互相检查装备完好情况,确保装备本身不出现问题。

④受困人员要保持好最佳坠落姿势,避免长期悬吊或引发悬吊性创伤。

⑤坠落发生后,可使用绳子、金属线、布料等制作的环状物套在伤员脚或膝盖上向上拉,使其尽量保持坐姿,距离地面较近时,可给坠落受困者脚下放置小凳子等支撑物。

⑥受困人员从悬吊困境解救下来后，必须使用吊索、绳子、椅子等物件使其保持坐姿至少30分钟，避免返流综合征造成人身伤害和伤亡。

安全风险交底记录见表2-18。

表2-18　　安全风险交底记录

部门	新疆送变电有限公司
救援项目	西北区域应急协调联动拉动式演练新疆电力公司高空救援科目
交底人/时间	年　月　日
安全要求	1.有严重外伤病史，或者有严重心脑血管病、精神病、慢性病及并发症，或医生建议不适合操作此类项目者，不能参加此类项目的操作。 2.作训服、作训鞋及其尺码达不到要求者不能参加此类项目的操作。 3.高空操作时必须将身上穿戴的所有硬物摘除，安全带、安全帽穿戴规范并进行多次检查，同时指定一名队友协助检查一遍，项目负责人和安全监护人再做一次全面检查。 4.长指甲的学员应先修剪指甲再进行操作。 5.没有参加操作的学员要远离高空训练塔，站在安全位置。 6.现场所有人员必须听从救援小组负责人统一安排和指导，避免一切危险行为。 7. 救援小组负责人、救援监护人不参加具体项目操作，负责安全监护
风险告知	1.物体打击 (1)高空作业区地面工作点要装设遮栏和安全警示牌； (2)高处作业时，安全带、安全绳应事先进行检查，确保合格； (3)塔上作业时，操作人员应选择所需工作点的合适位置，站稳，系好安全带； (4)塔上作业时，任何工具、材料都要用绳索传递，防止高空落物，严禁高空抛物； (5)安全带的挂钩应挂在结实牢固的构件上，并采用高挂低用的方式，严禁低挂高用，作业过程中应随时检查安全带是否牢固，转移作业位置时不得失去安全保护。 2.高处坠落 (1)地面人员不宜在作业点垂直下方活动，塔上作业人员应防止落物伤人，使用的工具、材料应用工具袋或传递绳传递； (2)必须做好物件防脱措施，以防物件发生意外下落； (3)塔上作业转位时，不得失去安全带保护； (4)攀登平稳、手脚不乱，正确使用防坠器
接受交底人签名	我们已学习并明确上述安全要求和风险。 签字人： 日期：　　年　月　日

4.灾民临时安置板房配电安装

应急救援基干分队抵达灾区开展电力系统内部应急救援的同时，还需履行公司的社会责任，协助政府为已搭建好的灾民临时安置板房提供应急供电，确保灾区群众生活照明用电正常，树立国家电网良好企业形象。

(1)演练内容。

①从板房外配电箱隔离刀闸负荷侧接点开始接线，安装漏电保护开关，用三芯护套线经 PVC 管引入板房内配电箱(室外配电箱已提前预装，箱内配有 PE 端子，箱体已接地)。

②在室内配电箱内安装一路电源进线漏电保护开关，两路出线漏电保护开关(室内配电箱已提前预装，箱内配有 PE 端子，箱体已接地)。

③利用槽板配线工艺，按照安装示意图(图 2-5)在板房内预装的木板上安装插座、电灯、电灯开关一套，并点亮电灯。

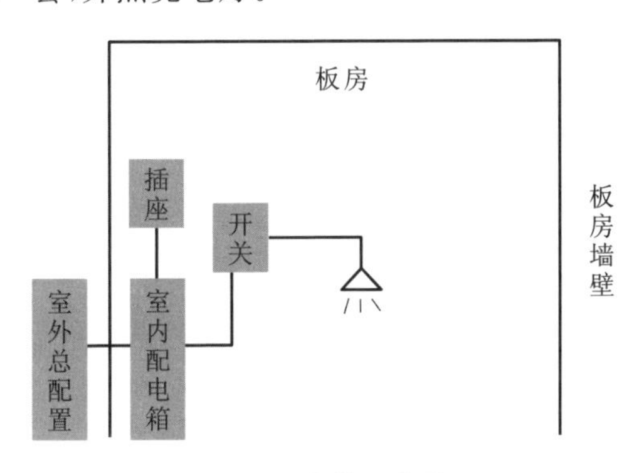

图 2-5　安装示意图

(2)场景设置及场地要求。

①场景设置。

此次演练，模拟为政府已搭建好的两间灾民临时安置板房进行配电安装，保障照明。

②场地要求。

板房大小为 3 米×4 米，板房内外预安装配电箱箱体，板房内三面密封，一面开口，板房一面墙及顶棚安装布线用木板。

场地大小为 10 米×8 米，场地内布置 2 间板房，每个板房前设材料和工器具布置区；板房后提供市电，与 220 伏进线相连，配置隔离开关。

演练场地与公共场地应设有围栏隔离。

(3)演练过程。

①人员配置及任务分工。

a.负责单位及人员：

本科目由国网陕西省电力有限公司牵头负责，共6人参加。其中，设总负责人1名，每间板房各设1名小组负责人(含总负责人)，2名接线安装员。

b. 配合单位及人员：

每个配合单位各选派1名队员参加，共4人，主要负责现场监护、工具材料传递、开关插座安装等辅助工作。

②实操步骤。

a. 演练开始前由科目总负责人带队入场，整理队伍，进行人员分工和安全交底，提出注意事项，宣布开始。

b. 参演人员按照各自分工，选取工具、材料开始工作。

c. 板房外设配电箱配有220伏进线接至隔离刀闸电源侧。

d. 从板房外配电箱隔离刀闸负荷侧接点(不带电)开始接线，安装漏电保护开关，用三芯护套线经PVC管引入板房内配电箱(预先安装)，在室内配电箱安装漏电保护总开关及分别控制电灯回路和插座回路的漏电保护开关，从漏电保护开关负荷侧出线，使用槽板配线工艺在规定标线位置安装电灯开关1个，电灯1个，插座1个。

e. 接线完毕送电。

f. 演练完毕，人员在板房前列队待命。

③演练时长。

演练时长40分钟。

④评估要点。

评估要点见表2-19。

表2-19 评估要点

序号	项目名称	质量要求	评估重点	评估结果
1	工作准备	总负责人汇报演练总指挥，经许可后开始工作；负责人召开开工会，宣读工作任务单、人员分工，告知危险点，准备材料、工具	1. 整队、清点人员，向总指挥汇报； 2. 工作服、安全帽、手套、绝缘鞋穿戴规范(工作负责人需穿监护背心)； 3. 召开开工会，宣读配电工作任务单，进行人员分工，交代工作任务，告知危险点； 4. 验电笔进行试验，漏电保护开关进行通断测量； 5. 全体参演队员在配电工作任务单上确认签字	
2	工器具使用	正确使用工器具	1. 工作前先对配电箱进行验电； 2. 不使用验电笔、钳子拧螺钉； 3. 不使用扳手、钳子、螺丝刀敲击	

续表

序号	项目名称	质量要求	评估重点	评估结果
3	室外布线	导线按工艺要求穿管，室外配电箱漏电保护开关选择 C32	1. 正确选择导线和漏电保护开关； 2. 漏电保护开关安装前进行开合试验； 3. 接线前，开关应在分闸位置； 4. 配电箱内按指定相色正确接线，横平竖直，导线和端子压接可靠，无裸露，无损伤； 5. 导线地线与配电箱接地端子可靠连接； 6. 作业完成后将箱门可靠锁闭； 7. 导线经 PVC 管穿进板房，PVC 管安装水平，接头处用弯头过渡	
4	室内配电箱安装及布线	漏电保护总开关选用 C32，插座回路选用 C25，照明回路选用 C16	1. 正确选择导线和漏电保护开关； 2. 漏电保护开关安装前进行开合试验； 3. 接线前，开关应在分闸位置； 4. 配电箱内按指定相色正确接线，横平竖直，导线和端子压接可靠，无裸露，无损伤； 5. 导线地线与配电箱接地端子可靠连接； 6. 作业完成后将箱门可靠锁闭； 7. 导线经 PVC 管穿进板房，PVC 管安装水平，接头处用弯头过渡	
5	室内布线（照明回路）	按工艺要求进行布线、接户线末端绝缘层剥削，开关、灯头安装连接	1. 线槽固定点分布均匀，槽、开关布置规整，横平竖直； 2. 正确使用线槽附件，线槽内导线无缠绕、无接头，线槽盖板安装到位，扣牢固； 3. 板房内开关及灯头接线正确，横平竖直，导线和端子压接可靠，无裸露，无损伤； 4. 开关及灯头安装位置无偏差，安装牢固；PVC 槽板压入开关开口，PVC 槽板与灯头相交处缝隙小于 2 毫米； 5. 导线选择正确	

续表

序号	项目名称	质量要求	评估重点	评估结果
6	室内布线（插座回路）	按工艺要求进行布线、接户线末端绝缘层剥削，插座安装连接	1. 线槽固定点分布均匀，槽、开关布置规整，横平竖直； 2. 正确使用线槽附件，线槽内导线无缠绕、无接头，线槽盖板安装到位，扣牢固； 3. 板房内插座接线正确，横平竖直，安装牢固，导线和端子压接可靠，无裸露，无损伤； 4. 插座安装位置无偏差，安装牢固；PVC 槽板压入插座开口； 5. 导线选择正确	
7	通电试验	允许两次送电，电路通电成功，灯具开关闭合时发光	1. 送电前在进线开关接点验电； 2. 每合上一处在开关出线接点验电； 3. 执行逐级送电或送电操作顺序； 4. 检查插座电压； 5. 送电后点亮灯头	
8	安全及文明生产	汇报结束前，所选工器具放回原位；设备无损坏；全程遵守安全操作规程	1. 全程遵守安全操作规程，个人工具不随手乱放，不损坏工具； 2. 操作过程中无跌落物（工具、管材）； 3. 使用梯子有专人扶持； 4. 工作现场无遗留施工杂物； 5. 工作负责人不得参与具体工作	
9	收工会	列队集合，总负责人召开收工会，汇报总指挥，得到许可后，工作结束	1. 清点人数，召开收工会； 2. 收工会工作班成员不得携带工具、材料； 3. 对工作完成情况及队员工作情况进行评价	

(4)演练装备及器材。

演练装备及器材见表 2-20。

表 2-20　演练装备及器材(4)

序号	名称	型号/要求	单个场地数量	单位	备注
1	板房	3 米×4 米	1	间	
2	铜线	BVVB-3×4	10	米	
3	铜线	BVVB-3×2.5	10	米	
4	铜线	BVVB-3×1.5	100	米	
5	铜线	BVVB-2×1.5	100	米	

续表

序号	名称	型号/要求	单个场地数量	单位	备注
6	插座	三孔明装插座(10安)	1	套	
7	螺口灯座		1	个	
8	电灯开关	明装(带盒)	1	个	
9	灯泡	15瓦	1	个	
10	室外配电箱(带接地端子)	800毫米×600毫米	1	个	
11	室内配电箱(带接地端子)	400毫米×300毫米	1	个	
12	漏电保护开关	16安	1	个	
13	漏电保护开关	10安	2	个	
14	虎口钳		1	把	
15	尖嘴钳		1	把	
16	一字螺丝刀	大小各一把	2	把	
17	十字螺丝刀	大小各一把	2	把	
18	剥线钳		1	把	
19	电工刀		1	把	
20	工具包		1	个	
21	验电笔	380伏	1	个	
22	低压小型短路线	380伏	1	套	
23	电工胶布		2	圈	
24	万用表		1	只	
25	钢卷尺		1	个	
26	直尺		1	把	
27	铅笔	2B	1	支	
28	自攻螺钉	1厘米	1	包	
29	墨斗	弹线墨斗	1	个	

(5)其他事项。

配电工作任务单如下：

配电工作任务单

单位________ 工作票编号________ 编号________

1.工作负责人姓名________

2.小组负责人姓名________ 小组名称________

小组人员(不含小组负责人)________________

________________共____人

3.工作任务

工作地点或地段(注明线路名称或设备双重名称、起止杆号)	工作内容及人员分工	专职监护人
(　　号)配电板房室外配电箱、室内配电箱	(1)室外配电箱布线____ (2)室内配电箱布线____ (3)室内槽板布线____	

4.计划工作时间:自____年____月____日____时____分至____年____月____日____时____分

5.工作地段采取的安全措施

5.1 应装设的接地线

应装设的接地线的位置	模拟已装设				

5.2 应装设的标示牌、遮拦(围栏)等

模拟已装设________________

____

6.其他危险点预控措施及注意事项(必要时可附页绘图说明)

____

____

工作任务单签发人签名________ ________年____月____日____时____分

小组负责人签名________ ________年____月____日____时____分

7.工作小组成员确认工作负责人布置的工作任务、人员分工、安全措施和注意事项并签名:

____

____

工作许可时间:________年____月____日____时____分

工作负责人签名________

小组负责人签名________

<table>
<tr><td colspan="5">8. 工作结束
8.1 小组工作于＿＿＿＿＿年＿＿＿月＿＿＿日＿＿＿时＿＿＿分结束，现场临时安全措施已拆除，材料、工具已清理完毕，小组人员已全部撤离。
8.2 小组工作结束报告：</td></tr>
<tr><td>线路或设备</td><td>报告方式</td><td>工作负责人</td><td>小组负责人签名</td><td>工作结束报告时间</td></tr>
<tr><td></td><td></td><td></td><td></td><td>年　月　日　时　分</td></tr>
</table>

5. 无人机保障

输电线路分布点多且分布面广，运行地形复杂，自然环境恶劣，人工巡线不仅工作量大，而且存在较大的人身安全风险，特别是山区和跨越江河的输电线路巡线工作，以及在冰灾、水灾、地震、山体滑坡等自然灾害期间巡线检查，巡线时间长、困难大、风险高，同时还有部分巡检项目无法依靠传统巡线方法完成。无人机巡检技术是应急救援工作的一项重要技能要求，突发事件时可以高效完成灾情勘查和信息传递工作，为应急处置指挥决策机构提供准确信息，具有重要意义。

输电线路导线悬挂异物消缺时，传统作业方法需要在导线或者地线上悬挂绝缘绳索和工具，作业人员通过在地面拉动绳索工具反复移动处理，耗时长且作业安全风险较高，必要时还需要停电检修，对电网可靠运行造成一定影响。伴随装备和技术的进步，可以应用无人机携带喷火装置，在安全距离范围内定点悬停至缺陷点处，遥控远程启动喷油和喷火装置，使用无人机喷射细长火柱，着火点最高温度控制在400℃左右，确保不对导地线造成损伤，对缠绕在架空导地线的异物进行烧毁消除，弥补带电清除异物缺陷，作业安全程度高、成本低、效率高，同时可以保障电网的可靠运行。

(1)演练内容。

①应用无人机完成线路巡检工作。

②应用无人机消除导线悬挂异物。

③无人机巡检和消缺视频传输至现场指挥部。

(2)场景设置及场地要求。

①场景设置。

演练开始后，无人机保障组进行输电线路巡检，将现场缺陷视频传输至现场指挥部。

演练现场附近线路导线上悬挂一条长约3米的塑料带，无人机进行喷火消除缺陷。

②场地要求。

晴天、白天、无大风，演练现场满足要求。

(3)演练过程。

①人员配置及任务分工。

演练人员共需要 2 人，国网宁夏电力应急基干队员 2 人。

②实操步骤。

a. 对现场进行检查，确保环境安全，没有影响无人机飞行的建筑物。

b. 收到现场指挥员命令后起飞巡检无人机，对受灾输电线路进行巡检，将设备故障点的视频传输至现场指挥部。

c. 收到现场指挥员命令后起飞喷火无人机，接通现场视频系统，操作人员引导喷火无人机飞到导线悬挂物处。

d. 在保证线路安全的条件下，应用喷火无人机清除导线异物，应用巡检无人机检查线路状态完好，并向现场指挥员汇报消缺情况。

e. 无人机返回。

③演练时长。

线路巡检、异物消除约 45 分钟。

④评估要点。

a. 操作人员能熟练操作无人机，严格执行现场指挥员指令，无人机飞行状态平稳。

b. 无人机与运行线路的安全距离符合要求。

c. 消缺过程中不得对输电线路导线造成损伤。

(4)演练装备及器材。

演练装备及器材见表 2-21。

表 2-21 演练装备及器材(5)

序号	名称	型号	数量	单位	备注
1	多旋翼无人机(巡检)		2	架	1 架备用
2	多旋翼无人机(喷火)		1	架	
3	备用电池		根据实际用量	块	
4	对讲机		2	部	
5	灭火器	手提式干粉	2	支	

6. 应急通信保障

自然灾害突发事件极易造成通信基础设施损坏，导致灾害现场通信中断并与

外界失去信息联络，给应急指挥、救援、恢复重建工作带来困难。熟练掌握应急通信技术是应急救援工作的一项重要技能要求，第一时间建立突发事件现场的应急通信，保障灾害现场与应急指挥中心的信息联络，及时收集、传递和共享信息，对决策机构准确做出决策具有重要意义。

应急演练现场架设应急通信设备，调试铱星电话，建立现场各小组之间、小组与现场指挥部之间、现场指挥部与公司应急指挥中心之间的音视频通信互联。

(1)演练内容。

①现场启动“动中通”卫星通信车、卫星便携站，通过国网宁夏电力卫星地面站，实现现场指挥部与国网西北分部，西北各省应急指挥中心的音、视频通信互联。

②应用无人机对演练现场进行全景航拍、定点跟拍，并将视频传输至演练现场观摩大屏。

③调试铱星电话，确保现场小组之间、小组与现场指挥部联系通畅。

④通过单兵装备完成小组与现场指挥部视频传输。

(2)场景设置及场地要求。

①场景设置。

受地震灾害影响，公用通信受阻，应急基干分队在接到任务后赶赴现场紧急架设通信设备，实现应急处置现场工作小组之间、小组与现场指挥部之间、现场指挥部与应急指挥中心之间的音视频通信互联畅通。

②场地要求。

没有特殊要求，场地平整、周边无高层建筑遮挡即可。

(3)演练过程。

①人员配置及任务分工。

演练人员共需要 8 人，国网宁夏电力信通人员 4 人，其他四省(自治区)公司各配置 1 人。其中，“动中通”卫星通信车 2 人调试(国网宁夏电力)，1 名队员配合；卫星便携站 2 人调试(国网宁夏电力)，1 名队员配合；1 名队员单兵调试，1 名队员调试铱星电话。

由无人机保障演练小组协助配合航拍工作。

②实操步骤。

根据实际演练过程开展通信保障操作。

③演练时长。

配合演练全过程。

④评估要点。

a.“动中通”及卫星便携站接通电源，布设摆放符合规定，整齐有序。

b.“动中通”及卫星便携站能搜索到指定的通信卫星并完成卫星连线，通过卫星通信完成与现场指挥部、应急指挥中心之间的音视频传输，画面、语音清晰，通话正常。

c.铱星电话能搜索到卫星，完成正常通话。

d.现场通信系统与无人机通信畅通，视频传输正常。

(4)演练装备及器材。

演练装备及器材见表2-22。

表2-22　演练装备及器材(6)

序号	名称	型号	数量	单位	备注
1	“动中通”		1	套	
2	卫星便携站		1	套	
3	单兵		1	套	
4	铱星电话	Iridium9555	4	台	
5	静音发电机	KIPOR	1	台	

7.后勤(餐饮)保障

炊事餐车由依维柯轿厢车改造，具有较强的越野能力。餐车上配备了和面机、蒸车、火灶，采用柴油燃料，可电子打火，配备了多种厨具，可进行蒸、炒、煮、炸等，配备了冰箱及消毒柜，保证食材的新鲜和餐具的清洁。餐车供电可采用两种方式，可接220伏外接电源，在没有外接电源的情况下可使用自带的发电机供电。炊事餐车可同时为80～100人提供餐饮后勤保障，可以为突发事件应急处置提供坚强有力的支撑。

(1)演练内容。

应用餐车在应急演练现场烹制中餐。

(2)场景设置及场地要求。

①场景设置。

调配炊事餐车携带饮用水、食品抵达应急救援现场，制作两荤、两素、一汤简餐。完成后，后勤保障小组组长与各作业点联系，确定现场地点和抢修作业人员数量，将制作好的餐饮送至指定地点，或通知部分队员到用餐点就餐，提供餐饮后勤保障服务。

②场地要求。

场地平整，面积约50平方米，可以停放炊事餐车，摆放餐桌、垃圾桶、消防器材即可。

(3)演练过程。

①人员配置及任务分工。

由国网陕西省电力有限公司提供厨师和服务人员若干。

②实操步骤。

a. 餐车按要求停放在指定位置，接通水源、电源，布置污水排放设施，摆放餐桌、垃圾桶。

b. 检查餐车电源、煤气等接口完好，进行用电、用气安全交底。

c. 在开始工作前由餐车保管员进行安全性能讲解，做好设备电气接地保护和消防工作。

d. 由厨师长组织使用半成品食材烹制简餐。

e. 服务人员做好用餐组织工作，保证秩序良好。

f. 工作结束后清洁餐车以及用餐现场，做好污水、垃圾清理工作。

③演练时长。

演练时长预计 45 分钟。

④评估要点。

a. 用餐安全卫生。

b. 过程安排有序。

c. 现场环境干净、整洁。

(4)演练装备及器材。

演练装备及器材见表 2-23。

表 2-23　　演练装备及器材(7)

序号	名称	型号	数量	单位	备注
1	炊事餐车		1	辆	
2	餐桌(椅)		4	套	1 桌 4 椅
3	垃圾桶		2	个	
4	灭火器	手提式干粉	4	支	

第三章　宁夏回族自治区青铜峡市大面积停电事件应急演练剖析

一、宁夏回族自治区青铜峡市大面积停电事件应急演练管理

青铜峡市2018年大面积停电事件应急演练是在宁夏回族自治区成立60周年和吴忠市成立20周年大庆活动之际，按照青铜峡市政府应急管理有关部署和《国家电网公司关于推进大面积停电事件应急演练工作的通知》要求，在青铜峡市政府主导下的一次政企联动、深度融合的演练。

该演练历经4次预演，前期筹备认真，采用实战演练和桌面演练相结合的方式，以一个主会场、一个分会场、若干分现场的展现框架，以防汛、保电为主要内容，重点检验相关单位的实战能力及应急处置能力等。演练情景设置合理，从气象监测预警、预警行动、启动响应、先期处置、信息报送到应急响应结束，环节紧凑、流程顺畅，达到了响应及时、措施有力、处置得当的实战效果，展现了较强的上下联动、内外配合的能力，具有很强的实用性和针对性。

此次演练中，青铜峡市应急领导小组成员、各部门和单位负责人进行桌面演练，公安、气象、电力部门开展现场实战演练，属于指挥层桌面演练辅以应急队伍现场实战演练的一次综合性演练。在青铜峡市政府的指挥下，各部门、单位按照青铜峡市大面积停电事件应急预案要求，开展应急处置。在演练过程中，各个参演部门恪尽职守、服从大局，既有分工也有合作，各级应急指挥实时对接，充分展现出参演单位应急队伍的业务素质和技能水平，充分展示了政府、电力部门及有关单位之间的应急协调联动水平，做到了响应快速、决策果断、处置流畅、精准高效，使全市大面积停电事件应急预案、应急响应流程得到了有效检验，进一步锻炼了各参演单位的应急救援队伍，提高了社会各界应对突发公共事件的快速反应能力、指挥协调能力和协同处置能力。此次演练按照预定计划圆满完成了演练任务，有效地检验了领导层的决策能力，管理层、执行层的反应和处置能力，为后期其他单位开展应急演练起到了示范性作用，达到了预期效果和目的。

1. 宁夏回族自治区青铜峡市大面积停电事件应急演练策划

此次演练根据青铜峡市实际情况，通过开展演练策划来形成完整的演练方案，

包含演练目标、演练组织机构、演练核心事件、演练开展方式等。

(1)演练目标。

以青铜峡地区突发大面积停电事件为背景,结合保电、防汛等工作,按照青铜峡市大面积停电事件处置要求开展演练。演练目标为检验大面积停电事件背景下青铜峡市大面积停电处置各成员单位的指挥协调、信息报送与快速响应开展应急处置的能力,检验各专业预案的科学性、针对性和应急措施的可执行性、可操作性。

(2)演练组织机构。

为保证演练顺利开展,确保演练工作取得实效,成立青铜峡市大面积停电应急演练领导小组。

①演练总指挥:青铜峡市副市长。

②演练副总指挥:国网青铜峡市供电公司经理。

③演练成员单位:青铜峡市应急办、青铜峡市安监局、青铜峡市气象局、青铜峡市公安局、青铜峡市消防中队、青铜峡市人民医院、青铜峡市电视台。

领导小组职责:统筹部署青铜峡市大面积停电应急演练工作,审定工作方案,组织各项工作计划实施。确定演练脚本,组织开展预演。落实本单位大面积停电演练工作所需的物资、资金、场地、人员。

领导小组下设办公室。办公室设在国网青铜峡市供电公司,由经理任办公室主任。由青铜峡市应急办、青铜峡市安监局、青铜峡市气象局、青铜峡市公安局、青铜峡市消防中队、青铜峡市电视台相关人员组成。下设总体策划组、文案编制组、应急保电演练组、气象信息播报演练组、电网抢修演练组、交通疏导演练组、消防救援演练组、防暴演练组、新闻报道及舆情控制组等9个小组。

①总体策划组:由国网青铜峡市供电公司牵头,各参演单位、部门配合。统筹推进演练工作进度,负责演练准备、演练实施、演练总结等阶段各项工作的策划组织。负责演练现场导调,负责演练评估和问题整改。

②文案编制组:由国网青铜峡市供电公司牵头,各参演单位、部门配合,负责完成演练方案、脚本等文本编制。其中国网青铜峡市供电公司会同各部门完成演练总场景和演练事件设计,各部门完成总控脚本中本专业所涉及内容的编写及视频拍摄。国网吴忠供电公司信通分公司结合实际完成演练技术保障方案编制工作。国网青铜峡市供电公司牵头,各参演单位配合完成演练总结报告编写、演练文档归档与备案等工作。

③应急保电演练组:

组长:国网青铜峡市供电公司副经理。

成员:国网青铜峡市供电公司参演人员、青铜峡市人民医院参演人员。

职责:负责青铜峡市人民医院应急保电演练方案编制,组织人员完成演练科目实施，配合完成视频拍摄。

④气象信息播报演练组：

组长：国网青铜峡市气象局局长。

成员：国网青铜峡市气象局播报人员。

职责：负责气象信息播报脚本编制，组织人员完成演练科目实施，配合国网吴忠供电公司信通分公司完成气象局播报大厅通信传输设备搭建。

⑤电网抢修演练组：

组长：国网青铜峡市供电公司副经理。

成员：国网青铜峡市供电公司参演人员。

职责：负责架空变压器抢修方案编制，现场实时解说词编写，组织人员完成演练科目实施。

⑥交通疏导演练组：

组长：青铜峡市公安局交巡警大队队长。

成员：青铜峡市公安局交巡警大队参演警员。

职责：负责交通拥堵场景设置，组织警员疏导电网企业应急抢修车辆，配合完成视频拍摄。

⑦消防救援演练组：

组长：青铜峡市消防中队队长。

成员：青铜峡市消防中队参演消防员、国网青铜峡市供电公司参演人员。

职责：负责配合国网青铜峡市供电公司完成变压器着火场景设置，组织人员完成演练科目实施。

⑧防暴演练组：

组长：青铜峡市公安局局长。

成员：青铜峡市公安局参演警员、国网青铜峡市供电公司参演人员。

职责：组织人员完成演练科目实施。

⑨新闻报道及舆情控制组：

组长：青铜峡市电视台台长。

成员：青铜峡市电视台参演人员、国网青铜峡市供电公司参演人员、国网吴忠供电公司党建部参演人员。

职责：负责电网抢修现场报道，青铜峡市大面积停电新闻发布会报道，以及社会舆情监控、引导。

(3)演练核心事件。

此次演练结合青铜峡市自然灾害现实风险，模拟贺兰山青铜峡段发生大风、暴雨气象灾害。青铜峡市区、大坝镇等地区发生积涝，造成 12 条 10 千伏线路跳闸，

20基杆塔发生倒杆断线，12台公变、6台环网柜、12台低压电缆分支箱受损，4万电力用户停电，青铜峡市人民医院、宁夏广播电视总台传输发射中心等重要用户相继受到影响，损失负荷74兆瓦，占故障前负荷的37%，达到青铜峡市小规模大影响大面积停电事件标准。

演练重点展现电网大面积停电事件发生前后，在青铜峡市政府的指挥下，各部门、单位按照青铜峡市大面积停电事件应急预案要求，开展应急处置。演练共分为三个阶段。第一阶段为监测预警阶段，考察国网青铜峡市供电公司风险监测和预警发布情况；第二阶段为应急响应阶段，考察在青铜峡市政府的组织和指挥下，市应急办、消防大队、公安局、安监局、工信局、气象局、卫计局以及市医院、市委宣传部、市电视台和国网青铜峡市供电公司等开展应急处置的情况；第三阶段为响应结束阶段，考察电力恢复供应后解除响应、发布公告等情况。

(4)演练开展方式。

此次演练为电网企业参与政府主导的大面积停电事件应急演练，采用实战演练和桌面演练相结合的方式，以一个主会场、一个分会场、若干分现场的展现框架，以防汛、保电为主要内容，重点检验实战能力及应急处置能力等。对受时间和场地限制，实战演练可能影响正常生产和社会秩序而无法进行的内容采用桌面演练，以保证演练科目的完整性。

2.宁夏回族自治区青铜峡市大面积停电事件应急演练设计

此次演练的设计工作严格按照“任务—职责—履责”的演练设计思想，结合监测预警、应急响应和响应结束的三阶段划分，通过对各阶段既定情境下的应急任务、责任人、应对措施等的细化和对应匹配，实现演练设计工作的顺利开展。

(1)监测预警阶段“任务—职责—履责”匹配。

监测预警阶段是风险识别、风险研判、信息报送、召开会商会议和预警发布的过程。根据事故处置流程和特点，进行了“任务—职责—履责”匹配，见表3-1。

表3-1 宁夏回族自治区青铜峡市大面积停电事件应急演练监测预警阶段“任务—职责—履责”匹配

应急任务	执行措施	参演单位及人员
风险识别	国网青铜峡市供电公司安全应急办通过安监一体化、短信、微信平台发布大风、暴雨预警信息	国网青铜峡市供电公司安全应急办
风险研判	国网青铜峡市供电公司经理组织运检中心、客户服务中心、各供电所紧急召开气象灾害会商会议	国网青铜峡市供电公司经理、运检中心、客户服务中心、各供电所

续表

应急任务	执行措施	参演单位及人员
信息报送	国网青铜峡市供电公司安全应急办电话汇报青铜峡市应急办	国网青铜峡市供电公司安全应急办、青铜峡市应急办
	青铜峡市应急办向副市长汇报	青铜峡市应急办、青铜峡市副市长
召开会商会议	青铜峡市副市长组织青铜峡市应急办领导小组和成员单位到应急指挥中心召开会商会议	青铜峡市副市长、青铜峡市应急办领导小组和成员单位
预警发布	青铜峡市应急办通过广播、电视、微信等平台向社会发布青铜峡市大面积停电蓝色预警	青铜峡市应急办

(2)应急响应阶段“任务—职责—履责”匹配。

应急响应阶段是先期处置、公司响应启动、召开会商会议、市级响应启动、人民医院应急保电处置、信息报送、交通疏导、现场抢修和大型小区应急保电处置的过程。根据事故处置流程和特点,进行了“任务—职责—履责”匹配,见表3-2。

表3-2　宁夏回族自治区青铜峡市大面积停电事件应急演练应急响应阶段“任务—职责—履责”匹配

应急任务	执行措施	参演单位及人员
先期处置	国网青铜峡市供电公司根据设备受损情况,及时调整、完善抢修方案;收集相关信息,提出启动应急响应建议;实时关注舆情动态,积极配合先期处置工作	国网青铜峡市供电公司
公司响应启动	国网青铜峡市供电公司安全应急办主任电话报请经理批准后启动响应	国网青铜峡市供电公司安全应急办主任、国网青铜峡市供电公司经理
召开会商会议	青铜峡市副市长组织市气象局、市工信局、市公安局、市卫计局、市应急办、市委宣传部、国网青铜峡市供电公司经理召开会商会议	青铜峡市副市长、市气象局、市工信局、市公安局、市卫计局、市应急办、市委宣传部、国网青铜峡市供电公司经理
市级响应启动	会商会议后青铜峡市副市长同意启动大面积停电事件Ⅲ级应急响应,并提出工作要求	青铜峡市副市长
人民医院应急保电处置	青铜峡市人民医院汇报停电险情,青铜峡市应急办通知国网青铜峡市供电公司开展受损供电设施抢修	青铜峡市人民医院、青铜峡市应急办、国网青铜峡市供电公司
信息报送	国网青铜峡市供电公司安全应急办向青铜峡市应急办汇报交通情况,后者将信息通知青铜峡市公安局指挥中心	国网青铜峡市供电公司安全应急办、青铜峡市应急办、青铜峡市公安局指挥中心

续表

应急任务	执行措施	参演单位及人员
交通疏导	青铜峡市公安局指挥中心指挥交警部门进行交通疏导	青铜峡市公安局指挥中心、交警部门
现场抢修	国网青铜峡市供电公司集结抢修队伍携带应急装备、物资、工器具等设备迅速赶赴红星变10千伏514沙坝湾线箱变故障现场进行抢修	国网青铜峡市供电公司
大型小区应急保电处置	青铜峡市应急办要求国网青铜峡市供电公司协助该小区尽快恢复居民一般生活用电，并协助开展高压配电设备抢修工作	青铜峡市应急办、国网青铜峡市供电公司经理

(3)响应结束阶段“任务—职责—履责”匹配。

响应结束阶段是召开会商会议、响应终止、新闻发布、专家评估和领导讲话的过程。根据事故处置流程和特点，进行了“任务—职责—履责”匹配，见表3-3。

表3-3　宁夏回族自治区青铜峡市大面积停电事件应急演练响应结束阶段“任务—职责—履责”匹配

应急任务	执行措施	参演单位及人员
召开会商会议	青铜峡市副市长组织各部门依次汇报应急处置情况及后续工作	青铜峡市副市长、市气象局、市工信局、市公安局、市卫计局、市消防大队、市应急办、市委宣传部、国网青铜峡市供电公司经理
响应终止	通过会商会议，青铜峡市副市长同意解除青铜峡市大面积停电事件Ⅲ级应急响应，并提出工作要求	青铜峡市副市长、青铜峡市应急办
新闻发布	青铜峡市委宣传部召开大面积停电事件新闻发布会，对此次大面积停电事件应急响应及处置情况进行通报，主动回应社会关切	青铜峡市委宣传部
专家评估	对演练做出点评	专家组
领导讲话	青铜峡市副市长讲话	青铜峡市副市长

3. 宁夏回族自治区青铜峡市大面积停电事件应急演练实施

大面积停电演练的实施一般从演练实施技术手段、演练实施表现形式、演练实施导调手段等方面组织开展。

(1)演练实施技术手段。

宁夏回族自治区青铜峡市大面积停电事件应急演练按照演练手册制定了详细的应急演练方案，并成立了技术支持小组。技术支持小组由音效师、摄影师、录像师、视频剪辑师等组成，主要负责现场音效设备调试、专业录音录像、时事镜头切换、后期视频剪辑等工作，为演练营造真实的氛围，使参演人员更有现场感，让演练更加科学、真实。

演练的实施主要依托于应急指挥中心和应急指挥平台。应急指挥中心可以为演练辅以视频、图片和 PPT 以及现场处置实时画面，生动地展示大面积停电事件处置流程，有效避免桌面演练和情境引导式应急演练真实性不强的缺点。宁夏回族自治区青铜峡市大面积停电事件应急演练根据其演练开展方式，运用大屏幕分屏技术把直播会场的实时情况在主会场展示出来，营造真实氛围，具有很强的现场代入感，以演带练，使演练获得更好的效果。现场分屏见图 3-1。

图 3-1　宁夏回族自治区青铜峡市大面积停电事件应急演练屏幕显示方案

(2)演练实施表现形式。

宁夏回族自治区青铜峡市大面积停电事件应急演练实施采取桌面演练＋实战演练的表现形式，桌面演练＋实战演练的表现形式既能节约演练成本，又可以锻炼演练人员现场处置能力。采取这种表现形式，大面积停电演练能将实际大面积停电事件处置中的复杂性更完整地展现出来。

(3)演练实施导调手段。

如果将演练比作一场大合唱，那么导调官在演练实施中则起到指挥家的作用。方案做得再完美，演练脚本编得再细致，没有导调官在现场中把握节奏、控制节点，演练展现给观摩人员的效果无法保障。一方面，导调官通过对讲机、电话、特定声音、文字、标志、视频等方式向参演人员提供控制信息，引导演练任务开展。另一方面，在演练实施过程中，导调官通过解说、多视频/图片场景切换、PPT 引导、信息流推送等多种形式控制演练进程。

4. 宁夏回族自治区青铜峡市大面积停电事件应急演练评估

应急演练评估主要包括应急演练评估表编制，以及按照应急演练评估表和过程评估表的内容对演练开展评估。

(1)应急演练评估表编制。

①逐级分解演练方案，提取各项演练任务，并建立可全面评价各项演练任务达成度的评估指标。一级指标包括演练准备、演练实施和总结评估；二级指标包括演练计划、演练组织、资料准备、宣教培训、保障措施、演练启动、演练执行、过程控制、演练结束、现场点评、归档上报、演练评估、改进提升等；三级指标包括演练计划—

致性，目标原则，组织机构，指挥机构，文案脚本、手册，情景 PPT 及音视频，安全、技术保障方案，教育培训，新闻宣传，安全保障，场地(所)保障，信息通信保障，物资保障，经费保障，演练启动，信息传递，演练解说，指挥控制，处置措施，演练结束，现场点评，演练记录，文件归档，信息上报，评估时限，报告内容，预案检验，完善措施等。

②对上述演练任务和评估指标进行分数加权。

③根据评估内容撰写评分说明并算出得分。应急演练评估表见表 3-4。

表 3-4　　宁夏回族自治区青铜峡市大面积停电事件应急演练评估表

一级指标	二级指标	序号	三级指标	评分说明	得分/分
演练准备	演练计划	1	演练计划一致性	5 分：符合预案规定，按照“先单项后综合、循序渐进、时空有序”的原则制定，计划切合实际。 3 分：有演练计划，但存在不合理内容。 0 分：与预案等规定不一致	
	演练组织	2	目标原则	5 分：目标制定有针对性，演练原则讲求实效。 3 分：目标针对性不足，原则实效性不强。 1 分：只有简单的演练目标或原则	
		3	组织机构	7 分：按照“领导小组、策划导调、技术支持、后勤保障”等功能设置组织机构，职责分工明确。 3 分：组织机构不健全，职责分工不明确。 0 分：未成立应急演练组织机构	
		4	指挥机构	5 分：演练总指挥为公司负责人，明确副总指挥、现场指挥，演练指挥员穿标识马甲。 3 分：演练总指挥为分管领导，明确副总指挥、现场指挥，演练指挥员未穿标识马甲。 1 分：基本明确演练总指挥、副总指挥、现场指挥，但演练指挥员未穿标识马甲	
	资料准备	5	文案脚本、手册	8 分：演练方案、脚本、演练手册、参演人员手册、演练流程图评估手册等文案材料齐备，编制内容科学合理，可操作性强。 5 分：演练方案、脚本、演练手册、参演人员手册、演练流程图评估手册等文案材料有缺失，编制内容合理。 1 分：文案部分缺失较多，编制内容不够合理	
		6	情景 PPT 及音视频	5 分：情景引导 PPT 及音视频文件制作精美、内容衔接顺畅。 3 分：有情景引导 PPT 或音视频文件，内容衔接不够顺畅。 1 分：没有情景引导 PPT 或音视频文件	
		7	安全、技术保障方案	5 分：安全、技术保障方案齐备，编制科学合理。 3 分：安全、技术保障方案有缺失。 0 分：没有编制安全、技术保障方案	

续表

一级指标	二级指标	序号	三级指标	评分说明	得分/分
演练准备	宣教培训	8	教育培训	5 分:开展了广泛、全面的教育培训工作,效果良好。 3 分:小范围开展了教育培训工作,效果一般。 0 分:没有进行教育培训	
		9	新闻宣传	5 分:舆论引导及时,有媒体参与。 3 分:舆论引导及时,无媒体参与。 0 分:无舆论引导,并引发不良社会影响	
	保障措施	10	安全保障	5 分:安全保障方案编制合理,安全工作全面到位。 3 分:安全保障方案内容缺失,安全工作不够全面。 0 分:无安全保障措施	
		11	场地(所)保障	5 分:演练场地(所)选择合理,并有相应保障措施。 3 分:演练场地(所)可以开展演练,但效果一般。 0 分:演练场地(所)不适合开展应急演练	
		12	信息通信保障	5 分:信息通信技术保障措施到位。 3 分:信息通信技术保障措施有缺失。 0 分:无信息通信技术保障措施	
		13	物资保障	5 分:物资保障措施到位。 3 分:物资保障措施有缺失。 0 分:无物资保障措施	
		14	经费保障	5 分:演练经费充足。 3 分:有经费,但不充足。 0 分:无经费保障	
演练实施	演练启动	15	演练启动	5 分:演练启动环节顺畅,要素涵盖全面。 3 分:演练启动环节有缺失。 0 分:无演练启动环节	
	演练执行	16	信息传递	5 分:信息传递清楚、迅速,要素齐全。 3 分:信息传递比较迅速,部分要素缺失。 1 分:信息传递存在失误,需重复确认	
		17	演练解说	5 分:演练背景、进程等解说清晰、正确,与现场同步。 3 分:解说不清晰或不同步。 0 分:演练解说存在重大错误或无演练解说	
	过程控制	18	指挥控制	7 分:演练全程都有指挥控制,且指挥控制能力强,处置果断、有序,与演练脚本一致。 3 分:指挥过程与演练脚本不一致。 0 分:指挥决策不当	
		19	处置措施	8 分:按照发生真实事件的应急处置程序进行处置,方法科学。 5 分:处置措施单一。 0 分:处置措施不科学	

续表

一级指标	二级指标	序号	三级指标	评分说明	得分/分
演练实施	演练结束	20	演练结束	5 分:演练结束环节按照预案要求,进展顺畅。 3 分:演练结束环节内容有缺失。 0 分:无演练结束环节	
	现场点评	21	现场点评	5 分:现场点评及时、充分,内容全面。 3 分:现场点评不及时、内容不全面。 0 分:无现场点评	
总结评估	归档上报	22	演练记录	5 分:演练全过程安排有文字、音像记录。 3 分:有文字记录,但无音像记录。 0 分:无文字、音像记录	
		23	文件归档	5 分:演练方案、演练脚本、演练总结评估报告及音像资料归档和上报及时、全面。 3 分:有归档,但未上报。 0 分:既未归档,也未上报	
		24	信息上报	5 分:信息上报及时、准确。 3 分:未按规定时间上报信息。 0 分:未上报信息	
	演练评估	25	评估时限	5 分:10 个工作日内,完成演练评估,内容全面、翔实。 3 分:10 个工作日内,完成演练评估,内容有缺失。 0 分:未在 10 个工作日内完成演练评估	
			报告内容	5 分:演练评估总结报告内容全面、合理。 3 分:演练评估总结报告内容有缺失。 0 分:无演练评估总结报告	
	改进提升	26	预案检验	5 分:能够发现预案存在的问题和薄弱点。 3 分:提出的问题对完善预案作用不大。 0 分:无检验效果	
		27	完善措施	5 分:提出改进措施,有修订时间和具体步骤。 3 分:无具体改进计划,改进效果不明显。 0 分:无完善措施	
总分/分					

(2)过程评估。

演练过程评估是大面积停电事件应急演练评估环节中至关重要的一环。过程评估是检验演练是否科学、合理,挖掘演练细节是否到位,处置是否符合实际情况的重要参考。过程评估表主要分三类,分别是观摩人员用评估表、专家用评估表和参加人员现场反馈表。

①观摩人员用评估表。

要介绍一下该表的基本情况，并给出一份填表案例（见附录三）。

②专家用评估表。

同上，要介绍一下该表的基本情况，并给出一份填表案例（见附录四）。

③参加人员现场反馈表。

同上，要介绍一下该表的基本情况，并给出一份填表案例（见附录五）。

二、宁夏回族自治区青铜峡市大面积停电事件应急演练实务

1.宁夏回族自治区青铜峡市大面积停电事件应急演练方案

（1）演练目的。

检验大面积停电事件背景下青铜峡市大面积停电处置各成员单位的指挥协调、信息报送与快速响应开展应急处置的能力，检验各专业预案的科学性、针对性和应急措施的可执行性、可操作性。

（2）演练原则。

①安全第一。在精心组织、周密设计、认真准备的基础上，从实战角度出发，积极稳妥地推进演练工作，确保对电网安全运行、社会稳定不构成威胁；确保演练过程中人员人身安全，最大限度地减少对参演单位正常生产的影响。

②团结协作。参演单位应服从大局，听从指挥，恪尽职守，严格按既定程序和计划组织实施好各项演练工作，重点突出演练各成员单位间的协调联动。

③注重实效。注重对演练过程的总结评估和结果分析，达到查漏补缺、持续改进的目的。

（3）演练方式。

采用实战演练和桌面演练相结合的方式，采用一个主会场、一个分会场、若干分现场的展现框架。

（4）演练时间。

8月23日。

（5）演练地点。

主会场：国网吴忠供电公司应急指挥中心。

分会场：①供电企业抢修现场（双杆变组立抢修现场）；②供电企业抢修现场（变压器火灾处置现场）；③气象局气象播报现场。

（6）参演单位及部门。

吴忠市政府相关部门：吴忠市应急办、吴忠市安监局。

青铜峡市政府相关单位、部门：青铜峡市应急办、青铜峡市安监局、青铜峡市气

象局、青铜峡市公安局、青铜峡市卫计委、青铜峡市消防中队、青铜峡市电视台、青铜峡市人民医院。

供电企业及其相关部门:国网青铜峡市供电公司、国网吴忠供电公司安全应急办、国网吴忠供电公司党建部、宁夏天能电力有限公司。

(7)演练背景及科目设置。

此次演练模拟8月中旬,贺兰山青铜峡段发生暴雨山洪,造成青铜峡电网设备、设施的严重损坏,电网安全稳定运行面临严峻考验。具体内容设置如下:

演练背景:8月中旬,贺兰山青铜峡段发生暴雨山洪,造成电网设施的严重损坏,12条10千伏线路跳闸,重合不成,20基杆塔发生倒杆断线,12台公变、6台环网柜、12台低压电缆分支箱遭到破坏,4万电力用户停电,青铜峡市人民医院、青铜峡市水务局等重要用户相继受到影响,损失负荷74兆瓦,占故障前负荷的37%,达到青铜峡市一般大面积停电事件标准。青铜峡市政府及时发布预警,启动响应开展应急处置工作。

科目一:事件预警、响应启动及抢修组织。

本科目通过现场演练会商会议和预先拍摄视频进行展示。通过现场演练会商会议展示预警发布流程和响应启动流程。拍摄气象局气象预警发布、电网设备受灾害影响视频,展示预警发布原因。拍摄预警行动视频,展示预警期间启动应急指挥中心、对外信息报送、抢修队伍集结、重要用户排查、停电风险告知、应急物资调配、抢修车辆调度、通信保障、舆情引导等内容。结合灾害监测与应急指挥管理系统制作动画。各参演单位根据演练拍摄内容,编制本科目演练子方案和视频拍摄脚本,配合完成预警行动视频拍摄。

科目二:重要保电场所停电应急处置。

事故造成青铜峡市人民医院停电,国网青铜峡市供电公司在接到恢复重要用户负荷的命令后,抢修人员将500千伏安移动发电车行驶至青铜峡市人民医院配电室附近,将发电车电缆接至青铜峡市人员医院配电室,开启发电车,完成对青铜峡市人民医院部分负荷供应;协助青铜峡市人民医院启动其自备配电室300千瓦发电机转供其他负荷。国网青铜峡市供电公司编制本科目演练子方案和视频拍摄脚本,配合完成拍摄,该演练通过视频展示。

科目三:配电网设备抢修。

演练模拟双杆变台故障,完成变台桩头引线拆除,利用吊车拆除损毁旧变台,重新吊装$2^{\#}$杆新变台;演练模拟直线杆被损毁断裂,在大号侧使用吊车新立12米混凝土杆一基,装设卡盘一块并对杆基进行校正夯实,随之安装横担、顶架,横担侧安装针瓶三只。使用吊车拔掉损毁混凝土杆,恢复送电。该演练通过现场4G设备实时传输。

科目四：交通疏导演练。

模拟因大面积停电，市区多条道路信号指示灯停运，造成市区内交通拥堵，电网、供水等单位抢修车辆被堵，无法在规定时间内到达现场，现场将信息汇报应急指挥中心，青铜峡市公安局组织警员赶往拥堵路口开展交通疏导，并护送抢修车辆、应急发电车顺利抵达保电现场。青铜峡市公安局编制本科目演练子方案和视频拍摄脚本，配合完成拍摄，该演练通过视频展示。

科目五：防暴处置演练。

模拟因灾停电，造成青铜峡辖区内大量鱼池饲养鱼死亡，一些受损饲养户聚集在供电公司门口，拉横幅，要求供电公司给予赔偿，一些社会闲杂人员不明原因，起哄闹事，聚众冲击供电公司大楼；公司将信息汇报青铜峡市应急指挥中心，青铜峡市公安局组织特勤人员开展应急处置。青铜峡市公安局编制本科目演练子方案和视频拍摄脚本，配合完成拍摄，该演练通过视频展示。

科目六：新闻发布及舆情控制演练。

针对此次大面积停电，为了及时向外界报道电网受灾、抢修情况，供电公司邀请青铜峡市电视台对现场进行采访报道。由青铜峡市政府组织召开新闻发布会，通报电网受灾、抢修情况，对一些社会不良舆情给予正面引导。青铜峡市电视台编制本科目演练子方案和视频拍摄脚本，配合完成拍摄，该演练通过视频展示。

科目七：消防处置应急演练。

模拟变压器喷油着火，火势蔓延，发生大面积着火，变电站值班员开展初期控制，由于火势较大，未能有效控制火情，请求青铜峡市消防中队协同支援，青铜峡市消防中队利用消防车完成火情控制。国网青铜峡市供电公司、青铜峡市消防中队完成应急演练，本演练通过视频直播展示。

科目八：城市供水应急演练。

停电导致第一污水处理厂停止运行，反应池、沉淀池及虹吸滤池停止运行，无法进行污水处理和排污，自来水公司开展应急供水演练。

科目九：巡视人员被困救援演练。

灾难突发时，作业人员在对某湖泊中一基线路杆塔开展特巡，被困湖中孤岛，发出救援信号。接到救援命令后，国网青铜峡市供电公司应急救援基干分队派遣2艘冲锋舟和4名救援人员前往被困水域进行营救。该演练通过视频展示。

(8)工作计划。

工作计划见表3-5。

表 3-5　　　　　　　　　　　　　工作计划表

序号	工作内容	完成时限	责任部门、单位
1	演练总体方案编制	7 月 20 日	国网青铜峡市供电公司牵头，各参演单位配合
2	演练启动会	7 月 23 日	全体参演单位
3	“演练总体方案”深化修编完善	7 月 25 日	国网青铜峡市供电公司牵头，各参演单位配合
4	演练总控脚本编制，演练子方案编制	7 月 27 日	国网青铜峡市供电公司牵头，各参演单位配合
5	演练总控脚本深化修编完善，演练视频拍摄脚本编制	7 月 31 日	国网青铜峡市供电公司牵头，各参演单位配合
6	各演练模拟场景视频拍摄	8 月 5 日	涉及视频素材录制单位
7	演练视频素材配音和后期剪辑，总体演练情景引导 PPT 制作及配音	8 月 10 日	国网青铜峡市供电公司
8	演练用电脑及通信设备安装调试，结合第一次预演进行试用	8 月 10 日	国网吴忠供电公司信通分公司
9	第一次预演(结合演练情况，改进完善演练脚本)	8 月 13 日	全体参演单位
10	第二次预演(结合演练情况，改进完善演练脚本)	8 月 17 日	全体参演单位
11	第三次预演(结合演练情况，改进完善演练脚本)	8 月 21 日	全体参演单位
12	演练会务组织	8 月 22 日	国网青铜峡市供电公司
13	演练会场布置	8 月 22 日	国网青铜峡市供电公司
14	演练通信设备最终调试	8 月 22 日	国网吴忠供电公司信通分公司
15	正式演练	8 月 23 日	全体参演单位
16	演练评估会议	8 月 24 日	国网青铜峡市供电公司牵头，各参演单位配合
17	提交最终演练评估报告	8 月 31 日	国网青铜峡市供电公司牵头，各参演单位配合

(9)其他事项。

①演练评估标准与方法。

演练期间组织专家队伍全过程观察和记录演练活动，比较参演人员表现与演练目标要求，归纳、整理演练中发现的问题，总结分析演练中暴露的问题，评估演练是否达到了预定目标，并提出整改意见，根据《国家电网公司大面积应急演练导则》

进行评估。

②安全注意事项。

a.各参演单位必须服从演练指挥机构统一指挥和调度，严格按照演练程序进行处置。

b.演练开始前，参演单位必须做好相关安全措施，所有参演人员按要求配备个体防护用品，实战演练现场增设安全监督管理人员，确保演练安全进行。

c.实战演练现场要采取必要的安保措施，视现场情况对演练现场进行封闭或管制，确保演练安全可靠进行。

d.演练实施过程中出现下列情况，经演练领导小组决定，由演练总指挥按照事先规定的程序和指令终止演练：

(a)出现真实突发事件，需要参演人员参与应急处置时或继续演练将影响实际事件处理时，可立即终止演练，使参演人员迅速回归其工作岗位，履行应急处置职责。

(b)出现特殊或意外情况，短时间内不能妥善处理或解决时，可提前终止演练。

(c)发生其他总指挥认为需要终止演练的情况。

2.宁夏回族自治区青铜峡市大面积停电事件应急演练评估报告

(1)演练基本情况。

此次演练由青铜峡市常务副市长担任总指挥，青铜峡市应急办、安监局、工信局、公安局、宣传部、消防大队、卫计局、气象局、广电局、电视台以及人民医院等部门和单位共同参与。采用“桌面推演＋模拟实战”的演练方式，模拟贺兰山青铜峡段发生大风、暴雨气象灾害，青铜峡市区、大坝镇等地区发生积涝，造成12条10千伏线路跳闸，20基杆塔发生倒杆断线，12台公变、6台环网柜、12台低压电缆分支箱受损，4万电力用户停电，青铜峡市人民医院、宁夏广播电视总台传输发射中心等重要用户相继受到影响，损失负荷74兆瓦，占故障前负荷的37%，达到青铜峡市小规模大影响大面积停电事件标准。各部门、单位按照青铜峡市大面积停电事件应急预案要求，开展应急处置。演练共分为三个阶段。第一阶段为监测预警阶段，第二阶段为应急响应阶段，第三阶段为响应结束阶段。

(2)演练特色及亮点。

一是定位准确，情景合理。演练定位于电网迎峰度夏总结提升阶段，模拟贺兰山沿山青铜峡地区遭受大风、暴雨气象灾害侵袭，对电力设备造成严重影响，电网发生大面积停电事件。青铜峡市应急领导小组成员、各部门和单位负责人进行桌面演练，公安、气象、电力部门开展现场实战演练，属于指挥层桌面演练辅以应急队伍现场实战演练的一次综合性演练。演练情景设置合理，从气象监测预警、预警行动、启动响应、先期处置、信息报送到应急响应结束，环节紧凑、流程顺畅，达到了响

应及时、措施有力、处置得当的实战效果。

二是突出实战，务求实效。演练设置1个主会场、1个分会场和4个分现场，突出各级应急指挥实时对接。尤其是4个实战演练现场，科目设置合理，现场作业人员熟练掌握应急处置流程、操作规范，充分展现出参演单位应急队伍的业务素质和技能水平。同时，青铜峡市各部门、单位的协同处置，展现出较强的政企联动融合度。此次演练，有效地检验了领导层的决策能力，管理层、执行层的反应和处置能力，为后期其他单位开展应急演练起到了示范性作用。

三是协调控制、演练流畅。演练综合运用应急指挥中心和应急指挥平台等技术手段，以桌面演练＋实战演练为主要表现形式，辅以视频、图片和PPT以及现场处置实时画面，生动展示了大面积停电事件处置流程，演练现场衔接紧密、流程顺畅，体现了很强的导调控制能力和组织协调能力。此次演练涉及青铜峡市8个部门和单位，同时还有国网青铜峡市供电公司内部5个部门，参演人员50余人，各部门、相关单位各负其责，团结协作，展示了较高的应急体系运行水平。

(3)存在的不足及改进措施。

通信保障设备不够先进，移动视频4G传输效果不理想，存在延迟现象。在今后的演练中需吸取教训，加强应急演练的科学支撑，以提高演练成效，采用移动、电信、联通多个网络通信，做好一主二备，或租用电信光纤、使用更先进的“静中通”等设备保证现场视频能流畅地传输到主会场。

在今后的工作中，参演单位以此次演练为契机，不断总结经验，进一步强化大面积停电事件应急演练，尤其是无脚本演练，通过演练查找不足，修订、完善应急预案，全面提高各单位应急管理水平和突发事件处置能力，为当地经济建设发展作出新的更大贡献。

第四章　国网宁夏电力有限公司大面积停电事件应急演练剖析

一、国网宁夏电力有限公司××年大面积停电事件应急演练管理

电网是关系国计民生的重要基础设施，维护国家安全和社会稳定是电网企业服务经济社会发展义不容辞的责任。大面积停电事件是现代社会的灾难，不仅破坏正常供用电秩序，影响企业生产运行，还可能导致交通、通信、供水等基础设施瘫痪，引发一些次生、衍生事件，严重影响广大群众正常生活，甚至危及社会稳定。因此电网企业必须采取高效、有序的处置措施，最大限度减少停电事件造成的损失和不良社会影响。

国网宁夏电力有限公司（本章“公司”“国网宁夏电力”指国网宁夏电力有限公司）是国家电网的全资子公司，主要从事宁夏回族自治区（以下简称“自治区”）境内电网的建设、运行、管理和经营，供电区域覆盖自治区全境及周边地区，供电人口超过 660 万。

近年来，公司高度重视应急体系建设，建立省、市、县互联互通的应急指挥中心，组建省、市、县三级应急救援基干分队，建立跨地（市）、县应急救援联动协作区，并强化应急培训和演练，编制应急处置卡和应急工作手册，优化应急装备和物资储备，不断完善应急组织和预案体系。2016 年，公司新建了包含“动中通”、卫星地面固定站、卫星便携站、海事和铱星电话等设备的应急通信系统，公司应对突发事件的协同能力和处置效率不断提升。

宁夏电网是“西电东送”的重要组成部分，主网由 750 千伏、330 千伏、220 千伏三个电压等级构成，通过 4 回 750 千伏线路与西北电网连接，与山东电网通过±660千伏超高压直流输电线路相连，与浙江电网通过±800 千伏特高压直流输电线路相连。

银川电网位于宁夏电网中北部，以 220 千伏双环网为骨架、110 千伏“双线双变”为支撑、10 千伏“互联互供”为联络的供电网络，担负着为自治区政治、经济、文化中心等重要用户供电的任务，为首府经济建设和社会发展提供安全、稳定、优质

的电力供应。

此次国网宁夏电力有限公司举办的“国网宁夏电力有限公司××年大面积停电事件应急演练”是在全国“安全生产月”活动期间，国网系统省公司举行的第一场全系统观摩的演练。其目的在于通过采取“有脚本桌面推演＋模拟实战”形式，即公司各部门、国网银川供电公司、国网宁夏检修公司在各自应急指挥中心进行推演，国网银川供电公司、国网宁夏检修公司配合开展模拟实战演练的形式，提高公司应对突发事件的协同能力和处置效率。

1. 国网宁夏电力有限公司大面积停电事件应急演练策划

此次演练根据国网宁夏电力有限公司的实际情况，通过开展演练策划来形成完整的演练方案，演练方案包含演练目标、演练组织机构、演练核心事件、演练开展方式。

(1)演练目标。

国网宁夏电力有限公司××年大面积停电事件应急演练的目标：检验公司本部大面积停电事件应急预案以及部门处置方案的职责分工、处置流程和应对工作机制；检验公司本部应急指挥机构的指挥协调、协同配合能力和应急处置熟练程度；检验大面积停电事件监测预警、应急响应、响应解除等关键流程；检验公司各部门处置大面积停电事件对内、对外汇报流程。

(2)演练组织机构。

应急处置流程中涉及自治区应急办、经信委、政府值班室、党委值班室，国家能源局西北监管局，以及国网总(分)部应急办、国网总部值班室等，以上机构由演练工作人员扮演。具体演练组织机构见表4-1。

表4-1 国网宁夏电力有限公司大面积停电事件应急演练组织机构

演练组织机构	组成人员	任务
演练领导小组	公司总经理任总指挥，副总经理任副总指挥，各部门负责人为成员	负责领导应急演练筹备和实施工作，审定应急演练方案及演练脚本，审定应急演练总结报告和决定应急演练的其他事项
演练导演策划组	公司有演练经验的人	负责编制应急演练工作方案，拟定演练脚本；负责应急演练组织、协调和现场调度；负责协调、指导公司本部参演部门和相关配合单位进行应急演练准备工作和检查准备工作；负责制定演练评估方案
演练评估组	相关专家	负责制定演练评估方案；对应急预案执行、应急演练方案、演练组织实施、演练宣传报道、演练取得效果等进行观摩、点评和评估，提出评估意见和建议，形成评估报告

根据事件处置分工，具体参演部门和单位见表 4-2。

表 4-2 国网宁夏电力有限公司××年大面积停电事件应急演练参演部门和单位

参演单位	涉及部门与单位	任务
公司本部	办公室、发展部、财务部、安监部、运检部、营销部、科信部、建设部、物资部、外联部、离退休部(后勤部)、调控中心、交易中心	①负责制定应急演练方案和流程，会同公司本部相关部门和参演单位编制演练脚本；定期组织召开协调会，协调应急演练的前期准备、预演和演练工作。②指定专人负责全过程参与应急演练准备工作；负责参与审查演练方案、流程和脚本，编写演练脚本中本部门相关内容；部门负责人定期参加协调会，参加应急演练。③负责应急演练预演、正式演练期间的后勤保障
地(市)级单位	国网银川供电公司、国网吴忠供电公司、国网宁夏检修公司、国网宁夏信息通信公司、国网宁夏物资公司	指定专人负责全过程配合应急演练准备工作；负责参与审查演练方案、流程和脚本，编写演练脚本中本单位相关内容，协调组织实战演练视频拍摄；单位负责人定期参加协调会，参加应急演练
其他	国网宁夏信息通信公司	负责应急演练期间通信和信息保障工作

(3)演练核心事件。

演练模拟在“安全生产月”电网迎峰度夏期间，银川及周边地区电网设备受恶劣天气侵袭，重要输电线路、变电站母线出现出现故障跳闸，多座 220 千伏、110 千伏变电站全停，银川地区发生大面积停电事件，达到宁夏电网Ⅲ级大面积停电事件标准。公司启动应急响应，根据大面积停电事件应急预案及部门处置方案分阶段模拟处置。

演练共分为三个阶段：第一阶段为监测预警，考察运检、调控等部门灾情初报，安全应急办组织开展先期处置，预警发布流程和信息分析研判能力；第二阶段为应急响应，考查各部门根据事态发展，履行预案职责，开展相关协调、汇报及处置工作的能力；第三阶段为响应结束，考查外联部、党建部等各部门做好后续信息报告、新闻发布、信息披露、事件调查、应急处置评估等能力。

(4)演练开展方式。

此次演练为国网宁夏电力有限公司内部演练，采取“有脚本桌面推演＋模拟实战”形式，公司各部门、国网银川供电公司、国网宁夏检修公司在各自应急指挥中心进行推演，国网银川供电公司、国网宁夏检修公司配合开展模拟实战演练，重点针对公司本部大面积停电事件，应急领导小组和成员指挥演练。演练过程中涉及的政府、国家电网相关部门和单位，由公司内部人员扮演。

国家电网安排评估专家赴演练现场观摩，其他省公司在各自应急指挥中心采用视频观看的方式进行远程观摩。

2. 国网宁夏电力有限公司大面积停电事件应急演练设计

此次演练的设计工作严格按照“任务—职责—履责”的演练思想设计，结合监测预警、应急响应和响应结束的三个阶段划分，通过对各个阶段既定情境下的应急任务、责任人、应对措施等进行细化和对应匹配，实现演练设计工作的顺利开展。

(1)监测预警阶段“任务—职责—履责”匹配。

监测预警阶段的应急任务是接收气象预警信息、报告风险信息、进行风险研判、提出气象预警建议、发布预警信息、实施预警行动。根据事故处置流程和特点，进行了“任务—职责—履责”匹配，见表 4-3。

表 4-3　国网宁夏电力有限公司××年大面积停电事件应急演练监测预警阶段“任务—职责—履责”匹配

应急任务	执行措施	参演单位及人员
接收气象预警信息	接收宁夏气象台发布的大风、暴雨橙色预警	宁夏气象台
报告风险信息	国网宁夏电力总值班室、技术处打安全应急办电话，报告风险信息	国网宁夏电力总值班室、技术处、安全应急办
进行风险研判	国网宁夏电力安全应急办汇总相关信息，组织分析研判，准备向公司应急领导小组提出大风、暴雨橙色预警建议	国网宁夏电力安全应急办
提出气象预警建议	国网宁夏电力安全应急办主任向公司副总经理提出预警建议，副总经理同意并提出工作要求	国网宁夏电力安全应急办主任、国网宁夏电力副总经理
发布预警信息	国网宁夏电力安全应急办主任向应急处发布预警信息，敦促应急处开展预警行动	国网宁夏电力安全应急办、应急处
实施预警行动	国网宁夏电力应急处组织安监部、运检部、营销部、调控中心等部门开展应急值班；召集应急专家对此次恶劣天气可能产生的影响和发展趋势进行研判分析；要求国网银川供电公司、国网宁夏检修公司应急救援基干队伍待命	国网宁夏电力应急处、安监部、运检部、营销部、调控中心，国网银川供电公司、国网宁夏检修公司应急救援基干队伍

(2)应急响应阶段“任务—职责—履责”匹配。

应急响应阶段的应急任务是先期处置和信息初报、事发单位启动相应级别应急响应，提出应急响应建议，初报灾情信息，召开第一次会商会议，领导讲话并部署工作，启动应急响应。根据事故处置流程和特点，进行了“任务—职责—履责”匹配，见表 4-4。

表 4-4 国网宁夏电力有限公司××年大面积停电事件应急演练应急响应阶段“任务—职责—履责”匹配

应急任务	执行措施	参演单位及人员
先期处置和信息初报、事发单位启动相应级别应急响应	事发单位向国网宁夏电力安全应急办主任汇报灾害信息，安全应急办提出先期处置要求，事发单位启动相应级别响应	国网宁夏电力安全应急办主任、调控中心主任，国网银川供电公司应急办
提出应急响应建议	国网宁夏电力安全应急办主任致电公司副总经理，提出大面积停电事件应急响应建议	国网宁夏电力安全应急办主任、副总经理
初报灾情信息	国网宁夏电力安全应急办主任致电总部应急办报告灾情，办公室主任电话告知自治区党委值班室灾情	国网宁夏电力安全应急办主任、办公室主任、自治区党委值班室
召开第一次会商会议	国网宁夏电力总经理助理组织各部门和单位汇报最新的电网受灾和抢修恢复情况	国网宁夏电力总经理助理、调控中心、运检部、营销部、科信部、办公室、物资部、建设部、外联部、后勤部、交易中心、安全应急办，国网银川供电公司，国网宁夏检修公司
领导讲话并部署工作	国网宁夏电力领导讲话部署各部门工作并提出要求	国网宁夏电力副总经理
启动应急响应	国网宁夏电力办公室、安全应急办做好应急处置信息续报；外联部主动联系新闻媒体，开展抢修现场新闻宣传报道工作；国网银川供电公司、国网吴忠供电公司、国网宁夏检修公司迅速落实会议要求，组织应急抢修力量，全力以赴开展应急处置和抢修恢复工作	国网宁夏电力办公室、安全应急办、外联部，国网银川供电公司，国网吴忠供电公司，国网宁夏检修公司

(3)响应结束阶段“任务—职责—履责”匹配。

响应结束阶段的应急任务是召开第二次会商会议、终止应急响应、专家评估、宣布演练结束。根据事故处置流程和特点，进行了“任务—职责—履责”匹配，见表 4-5。

表 4-5　国网宁夏电力有限公司××年大面积停电事件应急演练响应结束阶段“任务—职责—履责”匹配

应急任务	执行措施	参演单位及人员
召开第二次会商会议	国网宁夏电力总经理助理组织各部门依次汇报应急处置情况及后续工作	国网银川供电公司，国网宁夏检修公司，国网宁夏电力调控中心、运检部、营销部、外联部、发展部、财务部、安全应急办
终止应急响应	经过会商会议，国网宁夏电力副总经理同意解除大面积停电事件Ⅲ级应急响应，并提出工作要求	国网宁夏电力副总经理
专家评估	专家对演练进行点评	专家组
宣布演练结束	国网宁夏电力副总经理助理宣布演练结束	国网宁夏电力副总经理助理

3. 国网宁夏电力有限公司大面积停电事件应急演练实施

国网宁夏电力举办的国网宁夏电力有限公司××年大面积停电事件应急演练为“桌面演练＋实战演练”相结合的演练，结合其演练特点，演练实施流程如下：

(1)监测预警阶段。

①气象预警。导调官用一段视频介绍演练背景(6 月 14 日 18 时，宁夏气象台发布大风、暴雨橙色预警：受强对流天气影响，预计未来 12 小时内，银川及周边地区将出现大风和暴雨天气，累计降雨量可能达到 65 毫米以上，同时伴有较强雷电活动，局部地区风力超过 10 级，提醒有关部门、单位以及广大群众注意防范)，提示进入气象预警阶段。

动作 1：预警建议。公司调控中心、运检部、总值班室收到宁夏气象台发布的大风、暴雨橙色预警信息，分别向公司安全应急办汇报。根据公司风灾、防汛专项应急预案，运检部负责分析研判大风、暴雨对电网和设备运行的影响，提出气象灾害预警建议。安全应急办汇总、研判综合信息，向公司应急领导小组提出气象灾害预警建议。

动作 2：预警发布。经公司应急领导小组同意，安全应急办发布大风、暴雨橙色预警通知。

动作 3：预警行动。根据公司风灾、防汛专项应急预案，运检部、建设部、调控中心等部门和相关单位组织开展预警行动，布置相关工作。

②导调官用视频加旁白的方式介绍初始气象灾害发生情况(6 月 14 日 22 时起，银川及周边地区出现大风和强降雨天气，局部地区 3 小时内累计降雨量超过 40 毫米，电网和设备运行受到严重影响。公司安全应急办收到调控中心、国网银川供

电公司报告，网内已有2条330千伏、6条220千伏和多条110千伏线路出现故障跳闸；银川电网高桥变220千伏Ⅱ母、新城变220千伏Ⅰ母设备突发危急缺陷，均转为单母线运行，部分变电站、开闭所、电缆沟道积水严重，设备故障呈增多趋势，电网运行风险增大)，进入大面积停电预警阶段。

动作1：预警建议。气象灾情发生后，自治区政府启动大风、暴雨橙色应急响应。雷电、大风和暴雨对输变电设备运行造成影响，部分设备出现故障，部分重要输变电设备运行异常、被迫停运，国网宁夏检修公司、国网银川供电公司和公司调控中心、运检部分别向公司安全应急办汇报，提出大面积停电预警建议。安全应急办汇总信息，组织研判大面积停电风险及影响，向公司应急领导小组提出大面积停电预警建议。

动作2：预警发布。经公司应急领导小组同意，安全应急办发布大面积停电橙色预警通知。

动作3：预警行动。按照公司本部处置大面积停电应急预案，相关部门分别组织开展预警行动和应急准备，布置相关工作。

(2)应急响应阶段。

①导调官用视频和旁白的方式介绍大面积停电灾情(6月15日9时左右，330千伏徐铝Ⅰ、Ⅱ线同时跳闸，铝厂负荷停运；220千伏东利线、东坡线和高桥变母线相继跳闸，造成220千伏高桥变、掌政变、东山变和12座110千伏变电站全停，灵州电厂2台机组停运；新城变220千伏母线和新吉甲线同时跳闸，造成新城变和2座110千伏变电站全停，银川热电、哈纳斯热电6台机组停运。银川市部分地区通信中断。银川电网损失负荷120万千瓦，占宁夏总负荷的12%，达到宁夏电网Ⅲ级大面积停电事件标准)，进入应急响应阶段。

②导调官用旁白的方式(灾情发生后，公司调控中心、运检部、营销部等相关部门立即了解电网和设备受损情况，分别向公司领导和安全应急办汇报灾情并组织开展先期处置。安全应急办迅速汇集相关信息，向公司应急领导小组提出启动应急响应的建议)引导各部门进行先期处置和报告信息。

动作1：先期处置。银川地调向区调汇报设备故障、重要客户停电情况和电网停电范围，协同开展调控处置；国网宁夏检修公司、国网银川供电公司组织检查电网设备、设施受损情况，开展先期处置工作。

动作2：报告信息。调控中心、运检部、营销部和国网宁夏检修公司、国网银川供电公司向公司安全应急办、总值班室报告输变电设备故障、大面积停电范围、影响程度等信息。

动作3：发布应急响应。公司安全应急办汇总、研判综合信息，提出大面积停电事件应急响应建议，经公司应急领导小组批准，发布大面积停电事件Ⅲ级应急响

应。公司安全应急办组织开展应急处置工作。

动作4:信息初报。公司安全应急办向自治区应急办、经信委和国家能源局西北监管局、国网总(分)部应急办报告大面积停电事件和先期处置情况,公司总值班室向自治区党委值班室、政府值班室和国网总部值班室报告灾情和先期处置情况。

动作5:召开第一次会商会议。公司大面积停电事件应急领导小组成员参加会商会议,相关部门和单位汇报应急响应和处置工作。国家银川供电公司、国网宁夏检修公司进行视频汇报,公司调控中心、交易中心、运检部、营销部、建设部、科信部、物资部、后勤部、办公室、外联部、安监部进行现场汇报;公司大面积停电事件应急领导小组对重大应急问题做出决策和部署。

动作6:信息续报和引导舆论。公司安全应急办、总值班室进行大面积停电事件信息续报。外联部加强与主要媒体沟通、引导舆论和进行新闻发布准备工作。

③导调官用旁白的方式引导处置人员开展应急处置,国网银川供电公司、国网宁夏检修公司大面积停电事件应急领导小组部署应急响应和抢修工作,公司本部协调国网宁夏信息通信公司、国网宁夏物资公司、国网吴忠供电公司进行应急支援。地(市)级单位配合开展模拟实战演练,开展应急响应和抢修工作。

动作1:公司领导带队,本部相关部门人员、专家组成工作组赶赴现场,指导大面积停电应急处置工作;经公司应急领导小组同意,安全应急办组织国网宁夏检修公司、国网吴忠供电公司、国网宁夏信息通信公司、国网宁夏物资公司进行应急抢修支援。

动作2:调控中心和银川地调协同配合调整电网运行方式,保障电网安全、稳定运行,恢复部分重要客户供电。

动作3:国网银川供电公司启动本单位相应级别应急响应;模拟防汛应急处置,使用电动水泵等应急装备,开展电缆沟防汛排水工作;启用应急发电车,恢复医院、政府等重要客户供电;使用应急电缆车开展设备检查工作,进行开闭所、环网柜设备抢修。

动作4:国网宁夏检修公司启动本单位相应级别应急响应,调配移动式照明灯塔、发电机等应急照明装备,支援国网银川供电公司进行高桥变220千伏组合电器应急抢修。

动作5:国网吴忠供电公司启动本单位相应级别应急响应,集结应急救援基干分队,赶赴支援国网银川供电公司220千伏东坡线倒塔的应急抢修工作。

动作6:国网宁夏信息通信公司启动本单位相应级别应急响应;启用机动应急通信系统建立现场指挥通信,实现抢修现场与应急指挥中心音、视频互联互通,保障信息的有效传递;使用“动中通”将220千伏线路应急抢修视频传输至应急指挥中心;使用卫星便携站和单兵搭建机动应急通信系统,将银川市区电缆沟防汛、抢修视频传输至应急指挥中心。

动作7:国网宁夏物资公司启动本单位相应级别应急响应,组织输变电设备备品备件、应急物资的配送。

(3)响应结束阶段。

①导调官用旁白介绍宁夏气象台通报天气转好信息,解除大风、暴雨橙色预警;国网银川供电公司、国网宁夏检修公司向公司安全应急办汇报应急抢修和电力供应恢复情况;公司安全应急办汇总、研判综合信息,当具备结束应急响应条件时,向公司大面积停电事件应急领导小组提出应急响应结束建议,按照领导小组要求,组织召开会商会议。

②导调官用旁白的方式[按照公司领导要求,办公室向自治区党委值班室、政府值班室、国网总部值班室报告信息,安全应急办向自治区应急办、经信委和国家能源局西北监管局、国网总(分)部应急办分别汇报电网抢修、用户恢复和公司结束应急响应情况]引导参演人员完成动作。

动作1:公司大面积停电事件应急领导小组成员参加会商会议,相关部门和单位汇报应急处置工作完成情况。

动作2:公司大面积停电事件应急领导小组宣布解除大面积停电事件Ⅲ级应急响应,安排后期处置重点工作。

动作3:专家点评与领导讲话,宣布演练结束。

4.国网宁夏电力有限公司大面积停电事件应急演练评估

(1)评估方法。

此次演练采用过程评估和领导点评的方法进行,由观摩人员、评估专家和参演人员分别评估,评估表见附录三、附录四、附录五。

(2)评估总结。

演练结束后,莅临演练的相关领导和专家分别从此次演练的现实意义、演练开展的特点和亮点、演练中存在的不足以及改进意见和建议等对此次演练的开展情况作了点评,认为此次演练过程有序,内容丰富,应急领导小组成员响应迅速,各参与部门与单位对外处置流程清晰,达到预期目的。演练的特点为规模较大、组织周密、科目合理、要素齐全。此次演练强化了公司对大面积停电事件的风险防范意识和应急意识,促进了公司相关部门、单位熟练掌握应急预案和应急处置流程,增强了公司与政府有关部门和单位联合应对大面积停电事件的能力,提升了宁夏电网应对大面积停电事件的应急能力和本质安全水平。

二、国网宁夏电力有限公司××年大面积停电事件应急演练实务

1.国网宁夏电力有限公司大面积停电事件应急演练安全保障方案

为全面做好国网宁夏电力有限公司××年大面积停电事件应急演练后勤安全

保障工作，结合工作实际，特制定安全保障方案。按照方案要求成立安全保障工作组，下设保电组、安保消防紧急疏散组、会务保障组。

(1)保电组。

主要职责：负责保障应急演练现场、调控大楼等区域的用电及照明、专用灯光、中央空调系统正常运转；保障电梯安全运行。

工作要求：

①演练前一周，后勤保障处组织对演练场所的专用供电线路进行专项检查，确保双回路供电设备正常运行。

②演练前一天，保电组对演练现场大功率设备的用电情况进行安全检查，禁止私拉、乱接供电线路和超负荷用电，发现问题及时纠正，减少电气设备隐患。

③演练期间，保电组人员具体分工如下：

a. 一人值守配电室，配电室值班员配合，重点巡查演练场所供电线路的运行情况；

b. 一人负责巡查演练现场用电设备的使用情况及调控大楼配电室设备的运行情况，发现问题及时处理；

c. 一人负责沟通、协调及总体用电保障和检查，发现问题及时处理，重大问题及时报告安全保障工作组组长进行决策处理。

④演练期间，突发停电、重要设备断电等意外情况时，应第一时间报告安全保障工作组组长，并根据实际情况立即启动应急电源等相应的处置方案，尽快排除故障，及时恢复供电。

(2)安保消防紧急疏散组。

主要职责：负责提前做好演练场所的治安、防火安全检查工作；负责维护交通秩序等安全保卫工作；组织突发情况的紧急疏散。

工作要求：

①各岗位安保执勤人员要服从领导安排、相互协作、认真值勤、严守岗位。

②各执勤岗位要随时保证通信设备畅通，保持岗位联动，遇异常情况及时汇报。

③演练现场安保组成员要提前做好演练前的安全检查工作，保证场内无易燃、易爆物品，清理排除现场闲杂人员等不安全因素。

④演练当日，调控大楼内停止一切施工作业或设备维修工作；大厅门卫加强对大楼进出人员的安全管理，杜绝非大楼工作人员进入大楼，避免对演练活动产生干扰。

⑤中控值班人员要坚守工作岗位，时刻监控演练现场及各要害部位(大厅、电梯、应急演练区域)情况，发现异常情况及时汇报。

⑥凡参加维护演练现场治安秩序的安保人员，均应恪尽职守，不得随意脱岗。

⑦演练期间，突发暴恐、火灾等紧急意外情况时，应第一时间报告安全保障工作组组长，并根据实际情况立即启动防恐防暴、消防、紧急情况处理等相应的应急预案，尽快排除危险，降低环境危害、人员伤亡和财产损失，及时恢复正常工作秩序。

(3)会务保障组。

主要职责：负责应急演练会场布置、会务服务、卫生保洁等各项后勤服务工作，确保演练顺利进行。

工作要求：

①做好演练场所温度监控，将温度控制在22℃左右。

②演练前，巡视演练会场，检查会议物品配备是否齐全、硬件设施是否完好。

③演练期间，安排专人负责在演练过程中为演练人员提供茶水服务，会务服务人员须按标准统一着装、规范服务。

④全面检查演练现场区域卫生并做好保持；演练期间，安排一名保洁员，负责演练现场卫生保洁。

2. 国网宁夏电力有限公司大面积停电事件应急演练技术保障方案

根据公司统一安排，6月15日将开展国网宁夏电力有限公司大面积停电事件应急演练。主会场设在国网宁夏电力有限公司本部，分会场设在国网银川供电公司、国网宁夏检修公司。

为保障此次演练正常、有序进行，特制定以下技术保障方案。

(1)技术保障领导小组、工作小组及职责。

为保障此次演练工作的顺利进行，成立技术保障领导小组和工作小组。

①技术保障领导小组。

主要职责：

a. 全面负责技术保障工作的总体协调及现场指挥，制定、审查、批准技术保障方案。

b. 负责主会场通道、音视频平台搭建及保障工作。

c. 负责应急演练技术保障工作。

②工作小组。

a. 视频保障组。

主要职责：负责摄像头、话筒联动特写位切换，根据脚本进行特效机各路及矩阵的视频画面切换，确保国家电网及本地收看正常。

b. 音频保障组。

主要职责：负责省公司、地(市)公司与国家电网声音互联互通，根据现场声音大小实时调节调音台；负责备用无线麦克风的调试及保障工作，确保音频正常。

c. 电话会议保障组。

主要职责：负责电话会议系统及指挥系统的接入，确保开会过程中能与国网技术保障组及地(市)公司保障人员之间实时联系。

d. 网络通道保障组。

主要职责：负责保障国网与省公司数据网、国网专线的畅通，确保应急通道正常。

(2)系统接入方式。

①会议召开模式。

此次演练采用应急视频会议系统平台“一主两备”的方式召开，包括国网数据网、国网专线及备用电话会议。采用四级互联模式[国家电网-省公司-地(市)公司-县公司]，将省公司和地(市)公司的声音及图像上传至国家电网，以供系统所有公司观摩。

②视频切换模式。

此次演练要求上传主会场三路摄像机特写画面、情景引导 PPT 画面及国网银川供电公司和国网宁夏检修公司画面。画面之间的切换要保持顺畅、清晰，无蓝屏和黑屏现象。

根据要求，公司本部应急指挥中心新增 1 台特效机，接入视频矩阵，摄像机、情景引导 PPT 及地(市)公司画面通过特效机传送给国家电网，以保证视频切换质量。矩阵及特效机输入输出各路见表 4-6 和表 4-7。

表 4-6　矩阵输入输出各路表

输入	左摄像机	中摄像机	右摄像机	移动摄像机
	—	特效机	—	—
输出	特效机	—	国网数据网	省内终端
	转接盒 1	RGB1	RGB2	国网专线

表 4-7　特效机输入输出各路表

输入	1	2	3
	SDI 矩阵	国网终端辅流	省内终端辅流
输出	1	4	5
	SDI 矩阵	RGB 矩阵	监屏

③网络连接方式。

演练采用三级互联模式，省公司通过综合数据网和专线与国家电网终端连接（一主一备），地（市）公司通过综合数据网和省公司连接。省公司通过多媒体信息交换机接收地（市）公司画面，再通过指挥中心矩阵切换给国家电网终端（图 4-1）。

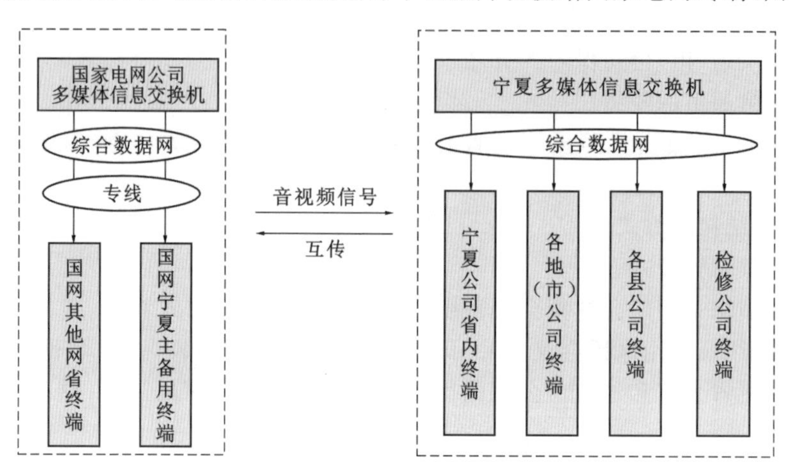

图 4-1　网络连接方式

④公司应急指挥中心大屏显示区域划分。

公司应急指挥中心大屏显示区域划分见图 4-2。

图 4-2　大屏显示区域划分

⑤电话会议系统。

为保障演练顺利进行，在主会场与各分会场之间开通一组电话会议作为音频备用方式，会议接入号码：××××××，会议组号：××××××，密码：××××××。

⑥指挥系统。

为加强主、分会场之间的联络，在主会场与各分会场之间建立指挥系统。该系统通过电话汇接机实现，会议接入号码：××××××，会议组号：××××××，

密码：××××××。联调与演练期间，各会场需派人值守。

(3)应急保障措施。

电视电话会议系统保障人员应密切监视系统运行状况，发现突发事件时，应迅速准确判断故障类型(视频故障、音频故障、通道故障)及影响范围，及时采取应急保障措施。

音频系统：如果出现音频信号中断，应采用电话会议系统备份，技术保障人员应立即通过调音台将电话系统的音量推子拉起，调至音量大小适中。

视频系统：如果大屏幕显示系统出现异常且短时间内无法恢复，则应立即采用外接显示器，将备用显示设备通过桌面信息盒接入视频系统内，通过矩阵切换恢复显示。

3.国网宁夏电力有限公司大面积停电事件应急演练参演人员手册

应急演练参演人员手册包括以下内容：

(1)演练概述。

此次演练模拟在迎峰度夏期间，银川及周边地区遭受大风、暴雨恶劣天气侵袭，银川电网重要输电线路、变电站母线出现故障跳闸，多座220千伏、110千伏变电站全停，达到宁夏电网Ⅲ级大面积停电事件标准。演练共分为监测预警、应急响应、响应结束三个阶段，各参演部门、单位和人员根据大面积停电事件应急预案、部门处置方案分阶段模拟演练。

(2)演练时间和地点。

①演练时间：

6月15日10时至11时30分。

②演练地点：

主会场：国网宁夏电力有限公司应急指挥中心。

分会场：国网银川供电公司、国网宁夏检修公司应急指挥中心。

(3)参演单位及人员。

①公司领导。

②公司本部：办公室、发展部、财务部、安监部、运检部、营销部、科信部、建设部、物资部、外联部、离退休部(后勤部)、调控中心、交易中心等部门负责人。

③地(市)级单位：国网银川供电公司、国网吴忠供电公司、国网宁夏检修公司、国网宁夏信息通信公司、国网宁夏物资公司。

④模拟参演部门和单位：自治区党委值班室、国网总部安全应急办、国网宁夏电力有限公司总值班室、宁夏电视台。

(4)演练形式。

此次演练采取“有脚本桌面推演＋模拟实战”形式，公司各部门、国网银川供电公司、国网宁夏检修公司在各自应急指挥中心进行推演，国网银川供电公司、国网宁夏检修公司配合开展模拟实战演练。演练过程中涉及的政府、国家电网相关部门和单位，由公司内部人员扮演。

国家电网安排评估专家赴演练现场观摩，其他省公司在各自应急指挥中心采用视频观看的方式进行远程观摩。

(5)演练规则。

①明确此次演练是一次模拟演练，演练过程中不得把模拟情景错当成真，但演练人员应对消息做出正确响应。

②参演人员及单位应当服从演练指挥员的指令。

③演练过程中发生真实紧急事件时应立即明确地通知所有单位和人员终止、取消此次演练，或从演练状态转入真正应急状态。

④参演人员待发言时将就近的会议话筒打开，发言结束及时将会议话筒关闭，未到发言阶段请勿随意打开会议话筒。

⑤演练过程中参演人员请勿随意升降电脑显示器或拨打桌面电话，待演练电话铃声响起2～3声后，再接起电话进行演练。

⑥演练过程中参演人员要精神饱满，发言时声音洪亮、语速平缓、吐字清晰。

(6)演练信息传递。

此次演练信息传递载体主要有演练脚本、情景引导PPT和音频资料、视频资料、演练流程图、电话清单等。

演练脚本包括监测预警、应急响应和响应结束各个阶段对应步骤的情景内容、处置行动及执行人员、指令与报告对白、适时选用的技术设备、时刻及时长、视频画面与字幕、解说词等要素。

采用情景引导PPT进行导调，提前录制音视频在演练现场播放，帮助参演人员、观摩人员直观了解演练背景和进程，保证演练效果。

演练流程图明确监测预警、应急响应和响应结束各个阶段的部门、任务以及情景演化的关键要素。

(7)演练安全防护要求。

①参演人员在演练过程中应按照要求正确着装，在演练过程中不允许随意更换服装等。

③演练结束后，现场使用的演练资料应全部交回，由安监部统一处理。

③参演人员在演练过程中应按照演练脚本进行，不允许随意更改内容和步骤。

④在演练过程中参演人员禁止随意走动，并将手机保持静音或关机状态。

4.国网宁夏电力有限公司大面积停电事件应急演练视频解说词

视频1：气象预警。

6月14日18时，宁夏气象台发布大风、暴雨橙色预警：受强对流天气影响，预计未来12小时内，银川及周边地区将出现大风和暴雨天气，累计降雨量可能达到65毫米以上，同时伴有较强雷电活动，局部地区风力超过10级，提醒有关部门、单位以及广大群众注意防范。

视频2：气象灾情发生。

6月14日22时起，银川及周边地区出现大风和强降雨天气，局部地区3小时内累计降雨量超过40毫米，电网和设备运行受到严重影响。公司安全应急办收到调控中心、国网银川供电公司报告，网内已有2条330千伏、6条220千伏和多条110千伏线路故障跳闸；银川电网高桥变220千伏Ⅱ母、新城变220千伏Ⅰ母设备突发危急缺陷，均转为单母线运行，部分变电站、开闭所、电缆沟道积水严重，设备故障呈增多趋势，电网运行风险增大。

视频3：大面积停电灾情发生。

6月15日9时左右，330千伏徐铝Ⅰ、Ⅱ线同时跳闸，铝厂负荷停运；220千伏东利线、东坡线和高桥变母线相继跳闸，造成220千伏高桥变、掌政变、东山变和12座110千伏变电站全停，灵州电厂2台机组停运；新城变220千伏母线和新吉甲线同时跳闸，造成新城变和2座110千伏变电站全停，银川热电、哈纳斯热电6台机组停运。银川市部分地区通信中断。银川电网损失负荷120万千瓦，占宁夏总负荷的12%，达到宁夏电网Ⅲ级大面积停电事件标准。

灾情发生后，公司调控中心、运检部、营销部等相关部门立即了解电网和设备受损情况，分别向公司领导和安全应急办汇报灾情并组织开展先期处置工作。安全应急办迅速汇集相关信息，向公司应急领导小组提出启动应急响应的建议。

视频4：应急响应行动。

公司启动大面积停电事件Ⅲ级应急响应，快速启用省、市、县三级应急指挥中心，本部各部门、相关单位立即落实公司大面积停电应急领导小组部署要求，公司派出工作组赶赴现场协调指导。国网银川供电公司成立现场指挥部，总经理靠前指挥。

调控中心、银川地调按照电网事故处置预案调整运行方式，优先恢复城市核心区域和重要用户供电。国网银川供电公司集结应急救援队伍，调配应急抢修车辆、抢修设备材料、施工机具、大型照明装备迅速抵达灾害现场，开展先期处置工作。由于灾情严重，公司安全应急办启动应急联动机制，组织国网宁夏检修公司、国网吴忠供电公司集结应急救援基干分队，调配应急物资，赶赴灾害现场，全力以赴开展应急处置和抢修恢复工作。

按照现场指挥部要求，国网银川供电公司、国网吴忠供电公司线路抢修人员到达220千伏东利线15号倒塔故障现场，快速拆除旧塔，有序开展新塔组立、放线、压接，安装绝缘子、金具附件等工作。

国网银川供电公司、国网宁夏检修公司变电抢修人员赶赴220千伏高桥变故障现场，开展设备故障检测，拆解故障元件，更换备件，加注气体、试验工作。在新城变抢修现场，抢修人员更换220千伏新吉甲线电流互感器，消除设备故障。

在“三馆两中心”电缆沟积水现场，抢修人员进行电缆沟排水，通过旁路布缆车敷设高压电缆，替换故障电缆，同时调派应急发电车对政府、医院等重要用户提供紧急用电保障。

应急处置过程中，国网宁夏信息通信公司使用国内先进的动中通、卫星便携站、单兵搭建机动应急通信系统，将抢修现场情况实时传输到现场指挥部和公司应急指挥中心，为应急处置指挥提供决策依据。

经过抢修人员不懈努力，银川电网主网已恢复正常运行，重要用户全部恢复供电，银川地区停电用户已恢复90%，应急抢修工作取得阶段性成果。

5.国网宁夏电力有限公司大面积停电事件应急演练评估意见

国网宁夏电力有限公司此次大面积停电事件应急演练是在全国“安全生产月”活动期间举办的，是国网宁夏电力有限公司举行的第一场国家电网全系统观摩的演练。评估组认为此次演练具有以下特点：

一是定位准确，情景真实。此次演练定位于国网宁夏电力本部，属于指挥层桌面演练，公司应急决策层和管理层全面参与，围绕公司应对大面积停电事件指挥协调工作开展演练。演练情景紧密结合电网迎峰度夏实际，模拟大风、暴雨灾害造成电网大面积停电事件，情景设置合理，采用桌面推演与模拟实战演练相结合的方式，从气象监测预警、信息报送、应急处置到应急响应结束全过程进行演练，整场演练环节紧凑，准备充分，展现了较强的上下联动、内外配合的能力。

二是规模较大，组织周密。此次演练参演单位有国网宁夏电力有限公司本部、国网银川供电公司、国网宁夏检修公司等，参演人数达130余人，观摩人数达370余人，国网系统组织各省公司100余人进行了视频观摩。各部门、相关单位各负其责，团结协作，展示了应急体系运行水平、组织协调和应急处置能力。这是宁夏公司第一次进行大规模桌面推演，也是国家电网第一次组织全系统单位进行视频观摩，组织工作周密、到位。

三是科目合理，要素齐全。此次演练参演单位包括国网宁夏电力处置大面积停电事件应急领导小组全部组成部门和公司上下关联单位、跨区支援单位，演练过程覆盖应急处置全流程，演练专业包含电网调度运行、检修维护、营销服务、信息通信、安全监督、后勤保障、信息发布、新闻报道等，并与政府部门、外部单位有效衔接。符合《国家电网公司大面积停电事件应急演练导则》和《国网宁夏电力有限公司大面积停电事件应急预案》的要求，具有很强的实用性和针对性。

第五章　宁夏南部区域应急协调联动暨吴忠大面积停电事件联合实战演练剖析

一、宁夏南部区域××年应急协调联动暨吴忠大面积停电事件联合实战演练管理

电网公司之间协同合作，跨区域处置大面积停电事故的能力是一项非常重要的能力，但是实际中这样的演练开展得非常少，开展成功的就更是凤毛麟角了。宁夏南部区域应急协调联动暨吴忠大面积停电事件联合实战演练是为了落实国网宁夏电力南部三地（市）供电公司、国网宁夏检修公司联合签订的《宁夏南部供电公司应急救援队伍协调联动协议》而开展的一场演练。此次演练希望通过分析演练策划、设计、实施以及评估过程中的工作，提高区域公司协同处置自然灾害、事故灾难等突发事件的能力，健全、完善电力安全应急机制，确保常态和应急状态下信息畅通、资源共享，力争在最短时间内恢复电力供应和社会正常秩序，有效降低突发事件造成的损失和影响。

1. 宁夏南部区域应急协调联动暨吴忠大面积停电事件联合实战演练策划

根据宁夏实际情况，此次演练通过开展演练策划来形成完整的演练方案，其主要包含演练目标、演练组织机构、演练核心事件、演练开展方式等。

（1）演练目标。

通过演练，锻炼参演单位应急管理和应急反应能力，使参演单位掌握事故应急处理要领，提高宁夏南部区域各电力单位对突发事件快速、有效的处置能力，并为灾害损失降到最低限度积累经验；检验国网吴忠供电公司（本章“公司”指国网吴忠供电公司）应对突发事件应急预案的实战性和可操作性；检验大面积停电事件监测、预警、响应等关键流程；检验公司大面积停电事件应急预案、部门处置方案的职责分工和应对工作机制；检验公司部门处置大面积停电事件对内、对外汇报流程；检验各专业之间协助、沟通，上、下级之间信息贯通和传达的能力。据此提出改进措施和办法，进一步修订、完善事故应急预案。

(2)演练组织机构。

①演练领导小组。

总指挥:国网吴忠供电公司总经理。

副总指挥:国网吴忠供电公司副总经理,国网固原供电公司副总经理,国网中卫供电公司副总经理,国网宁夏检修公司副总经理,国网宁夏信息通信公司副总经理,国网宁夏送变电工程公司副总经理,国网通用航空有限公司安监部主任,青铜峡市人民医院副院长,青铜峡市消防大队副队长。

成员部门:国网吴忠供电公司安监部、运检部;国网固原供电公司安监部、运检部;国网中卫供电公司安监部、运检部;国网宁夏检修公司安监部、运检部;国网宁夏信息通信公司技术部;国网宁夏送变电工程公司安监部;国网通用航空有限公司安监部。

主要职责:贯彻落实《宁夏南部供电公司应急救援队伍协调联动协议》及有关预案;接受联合演练任务;审查批准本单位应急联合演练方案;保障各参演单位之间信息沟通与共享,在演练承办单位的统一指挥下,组织开展联合救援行动;组织完成本单位应急联合演练任务,组织点评本单位及参演联动单位演练效果。

②导演及策划组。

组长:国网吴忠供电公司副总经理。

成员:国网吴忠供电公司 12 人、国网固原供电公司 1 人、国网中卫供电公司 1 人、国网宁夏检修公司 1 人、国网宁夏信息通信公司 1 人、国网宁夏送变电工程公司 1 人、国网通用航空有限公司 1 人。

主要职责:策划此次联合演练工作,设计演练方案;负责编制《宁夏南部区域××年应急协调联动暨吴忠大面积停电事件联合实战演练方案》;督促、协调相关部室、单位完成演练前期准备工作;编写演练总结报告;落实演练指挥机构交办的其他事项。

③综合协调及现场导调组。

组长:国网吴忠供电公司安监部主任。

成员:国网吴忠供电公司安监部相关人员。

主要职责:负责协调与演练相关的事宜,负责编制本单位、部门演练脚本,负责制作演练所需的情景引导 PPT。

④联合演练抢修组。

此次演练按照抢修内容分工不同,将各参演单位分为国网吴忠供电公司演练组、国网固原供电公司演练组、国网中卫供电公司演练组、国网宁夏检修公司演练组、国网宁夏信息通信公司演练组、国网宁夏送变电工程公司演练组。

各演练组组长由各参演单位安监部负责人或相关部门负责人担任。成员由各参演单位运检部、安监部人员和抢修工作相关人员组成。

主要职责：负责各专业抢修演练方案的编制与审核；监督应急处置、应急抢修、生产恢复工作中安全技术措施和组织措施的落实，负责抢修现场的安全监督；负责电网设备、设施抢修恢复工作，组织本单位参演队伍完成具体抢修工作；演练完毕后负责本单位参演情况的点评、总结工作。

⑤宣传报道组。

组长：国网吴忠供电公司党建部主任。

成员：国网吴忠供电公司党建部相关人员。

主要职责：负责协调国网宁夏电力、吴忠市相关媒体完成此次演练各场景的拍摄、报道以及宣传工作；负责演练专题片准备、拍摄以及制作工作。

⑥后勤保障组。

组长：国网吴忠供电公司综合服务中心主任。

成员：综合服务中心、宁夏天能电力有限公司及物业公司相关人员。

主要职责：公司综合服务中心负责调配演练观摩人员所需车辆，同时负责协调物业公司划分演练场地、搭建观摩席及凉棚、摆放桌椅、悬挂横幅、布置警戒围栏、指挥停车、做好安全保卫工作、维持演练现场秩序、清理现场；宁夏天能电力有限公司负责演练场景建设和拆除等工作。

⑦技术支持组。

组长：国网吴忠供电公司信通分公司经理。

成员：国网吴忠供电公司信通分公司相关人员及相关外协人员。

主要职责：负责提供演练现场所需 LED 显示屏视频接入、实时视频互联互通、现场通信设备正常运行等技术保障，负责提供其他应急演练技术支持。

⑧演练评估工作组。

组长：国网宁夏电力安监部负责人。

成员：各参演单位安监部、运检部相关人员和参演人员。

主要职责：负责制定演练评估方案；组织开展应急演练过程重要环节记录、取证和后期评估工作，对应急预案执行、应急演练方案、演练组织实施、演练宣传报道、演练取得效果等进行观摩和评估，提出评估意见和建议，形成评估报告。

(3)演练核心事件。

演练模拟吴忠市气象局发布大风、暴雨橙色预警，预计未来 6 小时内，吴忠市大部地区累计降雨量将达到 50 毫米以上，同时伴有 8 级以上大风，提醒有关部门和单位注意防范。随后青铜峡市出现雷电、大风、暴雨天气，辖区内部分变电站、开闭所、电缆沟道积水严重，防汛任务艰巨；存在山洪和地质灾害损坏重要输变电设备,引发大面积停电事件的风险。演练共分为三个阶段:第一阶段为监测预警,考察运检、调控等部门灾情初报,安全应急办组织开展先期处置工作,预警发布流程和信息分析研判能力;第二阶段为应急响应,考察各部门根据事态发展,履行预案职责,开展相关协调、汇报及处置工作的能力;第三阶段为响应结束,考察外联部、党建部等各部门做好后续信息报告、新闻发布、信息披露、事件调查、应急处置评估等能力。

(4)演练开展方式。

此次演练采用功能演练、实战演练和模拟演练相结合的方式实施。其中:

①功能演练是模拟在大面积停电事件发生后,国网吴忠供电公司应急指挥机构有关成员部门和单位的主要负责人作为应急管理的"功能"单元在演练现场模拟应急指挥中心参加联动演练。各"功能"单元根据发布的灾害信息,实际做出决策、指挥,发布处置指令,启动资源调配、协同联动处置等应急响应。重点检验应急预案的实效性、应急指挥的协调性、应急处置的正确性。功能演练中不动用真实的人员和装备,不进行现场处置,所有的决策、指令均虚拟执行。国网吴忠供电公司相关部门集中在演练现场,组成临时指挥部,通过会议、讨论、汇报等形式,组织预警行动、前期应急处置和会商,对相关应急预案、职责、流程和协同指挥进行演练。

②实战演练是通过现场实战演练展现应急处置过程,动用真实的人员和装备,重点检验应急队伍的组织实战能力及应急处置能力,以及应急物资等资源的调配效率,相关参演单位按照分配演练科目开展实战演练,展示预警行动和应急响应措施。

③模拟演练是指对部分受演练时间和场地限制、无法同步开展实战演练的代表性场景,采取提前分步实战实施、预拍录像的方式,最终通过视频展示应急处置过程,其优点为能增强参演人员的感性认识,弥补功能演练的不足。

2. 宁夏南部区域应急协调联动暨吴忠大面积停电事件联合实战演练设计

此次演练的设计工作严格按照"任务—职责—履责"的演练思想设计,结合监测预警、应急响应和响应结束的三个阶段划分,通过对各个阶段既定情境下的应急任务、责任人、应对措施等进行细化和对应匹配,实现演练设计工作的顺利开展。

(1)监测预警阶段"任务—职责—履责"匹配。

监测预警阶段的应急任务是接收气象预警信息、进行风险信息研判与报告、提出气象预警建议、发布气象预警信息、实施预警行动、提出大面积停电事件预警建议、开展大面积停电事件预警发布与预警行动。根据事故处置流程和特点,进行了"任务—职责—履责"匹配,见表 5-1。

表 5-1　　宁夏南部区域××年大面积停电事件应急演练监测预警阶段“任务—职责—履责”匹配

应急任务	执行措施	参演单位及人员
接收气象预警信息	国网吴忠供电公司接收吴忠市气象局发布大风、暴雨橙色预警	吴忠市气象局、国网吴忠供电公司
进行风险信息研判与报告	国网吴忠供电公司调控中心、总值班室、运检部向安全应急办报送风险信息，安全应急办汇总研判	国网吴忠供电公司调控中心、总值班室、运检部、安全应急办
提出气象预警建议	国网吴忠供电公司安全应急办主任致电公司副总经理，提出气象预警建议	国网吴忠供电公司副总经理、安全应急办主任
发布气象预警信息	国网吴忠供电公司安全应急办通过传真、电子邮件、安监一体化平台、应急指挥信息系统等方式发布大风、暴雨橙色预警	国网吴忠供电公司安全应急办
实施预警行动	国网吴忠供电公司相关部门和单位按照专项应急预案开展预警行动	国网吴忠供电公司调控中心、运检部、输配电运检室、变电运维室
提出大面积停电事件预警建议	国网吴忠供电公司安全应急办打电话给公司副总经理，提出大面积停电事件预警建议	国网吴忠供电公司副总经理、安全应急办
开展大面积停电事件预警发布与预警行动	国网吴忠供电公司安全应急办发布大面积停电事件蓝色预警，各部门开展预警行动	吴忠市应急办，国网吴忠供电公司安全应急办、调控中心、运检部、营销部、办公室、建设部、物资部、党建部、综合服务中心、信通分公司，国网青铜峡市供电公司，宁夏天峰化工有限公司值班室

(2)应急响应阶段“任务—职责—履责”匹配。

应急响应阶段的应急任务是先期处置和信息初报、启动应急响应、提出大面积停电事件应急响应建议、召开第一次会商会议、领导讲话并部署工作、启动联动机制。根据事故处置流程和特点，进行了“任务—职责—履责”匹配，见表 5-2。

表 5-2　　宁夏南部区域××年大面积停电事件应急演练应急响应阶段“任务—职责—履责”匹配

应急任务	执行措施	参演单位及人员
先期处置和信息初报	国网吴忠供电公司调控中心、国网青铜峡市供电公司开展先期处置工作并电话告知国网吴忠供电公司安全应急办灾情信息，安全应急办提出工作要求	国网吴忠供电公司调控中心、安全应急办，国网青铜峡市供电公司
启动应急响应	事发单位启动相应级别应急响应	国网吴忠供电公司调控中心、安全应急办，国网青铜峡市供电公司

续表

应急任务	执行措施	参演单位及人员
提出大面积停电事件应急响应建议	国网吴忠供电公司安全应急办汇总灾害信息，向公司副总经理提出大面积停电事件应急响应建议	国网吴忠供电公司副总经理、安全应急办
召开第一次会商会议	国网吴忠供电公司副总经理组织相关单位召开第一次会商会议，汇报最新的电网受灾和抢修恢复情况	国网吴忠供电公司副总经理、安全应急办、输配电运检室、调控中心、运检部、营销部、办公室、物资部、党建部、综合服务中心、信通分公司，国网青铜峡市供电公司
领导讲话并部署工作	领导讲话部署各部门工作并提出要求	国网吴忠供电公司副总经理
启动联动机制	国网吴忠供电公司安全应急办分别向宁夏南部电网应急救援联动单位发出应急救援请求	国网吴忠供电公司安全应急办、国网固原供电公司、国网中卫供电公司、国网宁夏检修公司、国网宁夏送变电工程公司、国网宁夏信息通信公司各应急救援基干分队

(3)响应结束阶段“任务—职责—履责”匹配。

响应结束阶段的应急任务是召开第二次会商会议、终止应急响应、专家点评和领导讲话。根据事故处置流程和特点，进行了“任务—职责—履责”匹配，见表5-3。

表5-3　宁夏南部区域××年大面积停电事件应急演练响应结束阶段“任务—职责—履责”匹配

应急任务	执行措施	参演单位及人员
召开第二次会商会议	国网吴忠供电公司副总经理组织召开第二次会商会议，相关单位和部门汇报处置情况	国网吴忠供电公司副总经理、安全应急办、输配电运检室、调控中心、运检部、营销部、办公室、物资部、党建部、综合服务中心、信通分公司，国网青铜峡市供电公司
终止应急响应	经过会商会议，国网吴忠供电公司总经理同意解除青铜峡市大面积停电事件Ⅳ级应急响应，并提出工作要求	国网吴忠供电公司总经理
专家点评和领导讲话	国网宁夏电力有限公司总经理助理点评，国网宁夏电力有限公司总工程师讲话	国网宁夏电力有限公司总经理助理、国网宁夏电力有限公司总工程师

3. 宁夏南部区域应急协调联动暨吴忠大面积停电事件联合实战演练实施

宁夏南部区域应急协调联动暨吴忠大面积停电事件联合实战演练为“桌面演

练＋实战演练”相结合的联合实战演练，结合其演练特点，演练实施流程如下：

(1)监测预警阶段。

动作1：预警建议。

动作2：预警发布。

动作3：预警行动。

(2)应急响应阶段。

①动作1：先期处置。

动作2：信息报告。

动作3：发布应急响应。

②动作1：公司大面积停电事件应急领导小组成员参加会商会议，相关部门和单位汇报应急响应和处置工作。

动作2：应急领导小组对重大应急问题做出决策和部署。

③实战演练展示应急响应和抢修工作。

动作：恢复重要输电线路运行。

(3)响应结束阶段。

动作1：公司大面积停电事件应急领导小组成员参加会商会议，相关部门和单位汇报应急处置工作完成情况。

动作2：公司大面积停电事件应急领导小组宣布解除大面积停电事件Ⅳ级应急响应，安排后期处置重点工作。

动作3：专家点评与领导讲话，宣布演练结束。

4.宁夏南部区域应急协调联动暨吴忠大面积停电事件联合实战演练评估

(1)评估。

此次演练采用过程评估和领导点评的方法进行，由观摩人员、评估专家和参演人员分别评估，评估表见附录三、附录四、附录五。

(2)评估总结。

演练结束后，莅临演练的相关领导和专家分别从此次演练的现实意义、演练开展的特点和亮点、演练中存在的不足以及改进意见和建议等对此次演练的开展情况作了点评，认为此次演练是对宁夏南部区域电网应对突发灾害快速响应和有效处置能力的一次综合检验，对确保宁夏电网安全、稳定运行具有重要意义。此次演练全面体现了应急救援协调联动机制的有效性和科学性，充分检验了宁夏南部区域电网应对突发事件的应急救援能力，进一步增强了其应对急难险重任务的团结协作意识。

二、宁夏南部区域××年应急协调联动暨吴忠大面积停电事件联合实战演练实务

1.宁夏南部区域应急协调联动暨吴忠大面积停电事件联合实战演练方案

(1)演练依据。

演练依据如下:

①《宁夏南部供电公司应急救援队伍协调联动协议》;

②《国网宁夏电力有限公司突发事件总体应急预案》;

③《国网吴忠供电公司大面积停电事件处置应急预案》;

④《国网吴忠供电公司应对大面积停电事件部门处置方案》。

(2)演练方式。

此次演练采用功能演练、实战演练和模拟演练相结合的方式实施。

(3)演练场景及主要内容。

8月24日,演练模拟吴忠市气象局发布大风、暴雨橙色预警,预计未来6小时内,吴忠市大部地区累计降雨量将达到50毫米以上,同时伴有8级以上大风,提醒有关部门和单位注意防范。

24日16时,青铜峡市出现雷电、暴雨、大风天气,辖区内部分变电站、开闭所、电缆沟道积水严重,防汛任务艰巨;存在山洪和地质灾害损坏重要输变电设备、引发大面积停电事件的风险。公司发布大面积停电蓝色预警,相关部门和单位开展预警行动。

24日17时左右,220千伏青利线、东利线多基铁塔受洪水冲击倾斜变形,线路跳闸,110千伏青永线、青河线线路发生风偏故障。110千伏永丰变电站、河西变电站等共11座变电站全停,吴忠电网停电用户数超过总供电用户数的30%,构成Ⅳ级大面积停电事件,其中政府、医院等重要用户断电。按照《国网吴忠供电公司大面积停电事件处置应急预案》,公司启动Ⅳ级应急响应,事发单位迅速响应,开展先期处置工作,但因抢修工作量较大,现有力量短时无法完成全部受损设备抢修,国网吴忠供电公司安全应急办向国网宁夏电力应急办申请启动宁夏电网南部区域应急救援联动机制,经国网宁夏电力同意,公司向国网固原供电公司、国网中卫供电公司、国网宁夏检修公司、国网吴忠供电公司信通分公司、国网宁夏送变电工程公司、国网宁夏信息通信公司请求支援,各参演单位迅速响应,赶赴救援;同时因开闭所高压配电柜发生爆炸险情,先期处置人员在处置过程中被困,设备火情未能有效控制,国网吴忠供电公司及时向青铜峡市消防大队、青铜峡市人员医院请求支援。

(4)演练方式及流程。

①第一阶段:监测预警阶段。

a. 气象灾害预警。

(a)预警建议。

公司调控中心、运检部、总值班室收到吴忠市气象局发布的大风、暴雨橙色预警信息，分别向公司安全应急办汇报。根据公司风灾、防汛专项应急预案，运检部负责分析、研判大风、暴雨对电网和设备运行的影响，提出气象灾害预警建议。安全应急办汇总、研判综合信息，向公司应急领导小组提出气象灾害预警建议。

(b)预警发布。

经公司应急领导小组同意，安全应急办发布大风、暴雨橙色预警通知。

(c)预警行动。

根据公司大风、防汛专项应急预案，运检部、建设部、调控中心等部门、单位组织开展预警行动，布置相关工作。

b. 大面积停电预警。

(a)预警建议。

气象灾情发生后，雷电、大风和暴雨对输变电设备运行造成影响，部分设备故障，部分重要输变电设备运行异常、被迫停运，公司调控中心、运检部分别向安全应急办汇报，提出大面积停电预警建议。安全应急办汇总信息，组织研判大面积停电风险及影响，向公司应急领导小组提出大面积停电预警建议。

(b)预警发布。

经公司应急领导小组同意，安全应急办发布大面积停电蓝色预警通知。

(c)预警行动。

按照公司部门处置大面积停电事件应急预案，相关部门分别组织开展预警行动和进行应急准备，布置相关工作。

②第二阶段:应急响应阶段。

220 千伏青利线、东利线多基铁塔受洪水冲击倾斜变形，线路跳闸，110 千伏青永线、青河线线路发生风偏故障。220 千伏利通变，110 千伏永丰变、河西变、红星变、中滩变、金银滩变、周闸变，35 千伏汉渠变、叶盛变、朝阳变、马寨变共 11 座变电站全停，吴忠电网停电用户数超过总供电用户数的 30%，构成Ⅳ级大面积停电事件。

a. 先期处置。

吴忠地调汇报电网跳闸情况、电网停电范围、负荷损失情况，开展电网调控处置；输配电运检室、变电运维室、变电检修室组织检查电网设备、设施受损情况，国网青铜峡市供电公司核查重要客户停电情况，并协助重要用户开启应急电源，开展先期处置工作。

b.信息报告。

调控中心、运检部、营销部、输配电运检室、国网青铜峡市供电公司向公司安全应急办、公司总值班室报告输变电设备故障、大面积停电范围、影响程度等信息。

c.发布应急响应。

公司安全应急办汇总、研判综合信息，提出大面积停电事件应急响应建议，经公司应急领导小组批准，发布大面积停电事件Ⅳ级应急响应。公司应急领导小组及其办公室组织开展应急处置工作。

d.信息初报。

公司安全应急办、总值班室进行大面积停电事件信息初报。公司总值班室向吴忠市政府值班室、国网宁夏电力值班室汇报。公司应急办向吴忠市应急办、工信局和国网宁夏电力应急办汇报。

e.会商会议。

公司大面积停电事件应急领导小组成员参加会商会议，相关部门和单位汇报应急响应和处置工作。调控中心、运检部、营销部、建设部、物资部、综合服务中心、办公室、党建部、安监部现场汇报。

公司大面积停电事件应急领导小组对重大应急问题做出决策和部署。

f.信息续报和引导舆论。

安全应急办、公司总值班室进行大面积停电事件信息续报。党建部加强与主要媒体沟通、引导舆论和进行新闻发布准备工作。

公司大面积停电事件应急领导小组部署应急响应和抢修工作，协调国网中卫供电公司、国网固原供电公司、国网宁夏检修公司、国网宁夏信息通信公司、国网宁夏送变电工程公司进行应急支援。实战演练展示应急响应和抢修工作。各参演单位分工如下：

a.国网中卫供电公司、青铜峡市人民医院。

(a)启用应急发电车、发电机、灯塔等设备，分层、分区临时组建、恢复各演练区域照明系统；

(b)在灾民安置点临时搭建5米×8米帐篷3顶，3米×4米帐篷8顶，在灾民安置点利用4台强光泛光灯组建照明系统，恢复安置点照明和电力供应；

(c)完成安置区生活设施组建(净水装置、充电方舱、便携式厕所等)；

(d)青铜峡市人员医院组建医疗保障点，对受伤人员开展应急包扎、心肺复苏等急救。

b.国网宁夏检修公司。

(a)应用无人机勘查输电线路受损情况，将影像传输至现场临时指挥部，为领导小组决策提供信息支撑；

(b)利用冲锋舟完成水域内被困人员的救援工作，应用无人机进行高空侦察，现场转播被困人员救助情况；

(c)搭建输电线路施工跨越架，恢复重要输电线路运行。

c. 国网吴忠供电公司输配电运检室、青铜峡市消防中队。

(a)模拟夜间开闭所、开关柜爆炸险情，电缆、开关柜着火，抢修人员进行先期应急处置，一名抢修人员被困在高压配电室内，其他抢修人员着特殊防护服进入现场协助被困人员脱险；

(b)爆炸造成开闭所门变形，不能正常打开，抢修人员利用破拆工器具对开闭所门进行破拆；

(c)青铜峡市消防中队控制火情，对着火设备进行灭火；

(d)抢修人员对损毁设备进行隔离，并利用分支箱对重要停电用户进行负荷转供。

d. 国网固原供电公司。

(a)模拟 220 千伏青立线 24 号耐张杆倾斜，利用工器具进行扶正；

(b)完成 220 千伏应急抢修塔建立，恢复重要输电线路运行。

e. 国网青铜峡市供电公司、青铜峡市人民医院、国网吴忠供电公司信通分公司。

(a)设立演练第二分会场，抢修人员利用发电车恢复青铜峡市人民医院部分负荷供电；

(b)协助青铜峡市人民医院启动其自备配电室发电机转供其他负荷；

(c)因青铜峡市人民医院部分低压进线电缆故障，造成检验科、手术室等重要部门停电，抢修人员利用小型发电机恢复重要负荷供电；

(d)国网吴忠供电公司信通分公司利用通信设备，将第二演练现场音视频传至演练主现场电子显示屏。

f. 国网宁夏信息通信公司。

启用机动应急通信系统建立现场指挥通信，实现抢修现场与应急指挥部和现场 LED 大屏音视频互联互通，保障信息的有效传递。

g. 国网宁夏送变电工程公司。

利用牵引机、张力机进行收放线以及金具安装工作。

③第三阶段：响应结束阶段。

各队伍抢修结束，抢修人员到指定区域进行集合，汇报抢修完成情况。

(5)演练评估标准与方法。

严格按照《突发事件应急演练指南》(国务院应急管理办公室应急办函〔2009〕62 号)要求，演练期间组织专家队伍全程观察和记录演练活动，比较演练人员表现与演练目标要求，归纳、整理在演练中发现的问题，评估演练是否达到了预定目标，并提出整改建议。

(6)演练照明系统搭建。

演练照明系统按照分层分区原则分为三个层级，多个区域，依次实现各演练区域照明恢复，层次分明。

第一层级：主席台、指挥部照明。

①主席台使用轻巧、易固定、照明效果柔和的 LED 节能泛光灯，将其坐装在幕布顶端的钢结构支架上，朝主席台方向投光。主席台桌面上，摆放应急 LED 台灯进行辅助照明。

②指挥部内因需要满足临时办公的照明要求，顶部悬挂全方位配光型 LED 照明灯，或使用 4～6 支防爆 LED 棒管灯、便携灯做应急照明，这些照明灯背面带有强磁铁，可直接吸附在帐篷顶上。

③桌面推演区(会商区)四个角落使用照明效果柔和的 LED 节能泛光灯。每位参演人员面前摆放应急 LED 台灯进行辅助照明。

第二层级：各演练区域照明、抢修人员照明。

主要为各抢修人员进行现场勘察、前期处置提供照明。

①使用 LED 棒管灯，以强磁力吸附在设备外壳，满足设备勘察使用要求。

②每个作业人员佩戴强光防爆头灯，另外可随身携带 SW2170 防爆便携灯。

③使用防爆强光工作灯，LED 灯亮度高，灯头角度可调，泛光照明与投光照明一体化设计，可同时满足近距离和远距离的照明要求。

④使用便携升降灯，使用 1000 瓦数码发电机供电，升降灯升起高度可达 3 米，每套灯由2×80 瓦 LED 灯头组成。

⑤在大型作业区域内可搭配使用一台便携升降发电机灯补充照明。升起高度为 4.5 米，每个升起杆上有 4 盏 80 瓦 LED 灯。

第三层级：演练厂区、大范围照明。

演练现场面积较大，小的移动类灯具不能满足大面积照明要求，因此使用移动式照明灯塔。演练开始后，移动式照明灯塔具备工作条件后，便携升降发电机灯熄灭，灯塔作为现场的主要照明亮起。

宁夏南部区域××年应急协调联动暨吴忠大面积停电事件联合实战演练平面图如图 5-1 所示。

2. 宁夏南部区域应急协调联动暨吴忠大面积停电事件联合实战演练评估意见

宁夏南部区域应急协调联动暨吴忠大面积停电事件联合实战演练，是继 6 月份国网宁夏电力有限公司开展大面积停电事件应急演练后又一次大型实战演练。

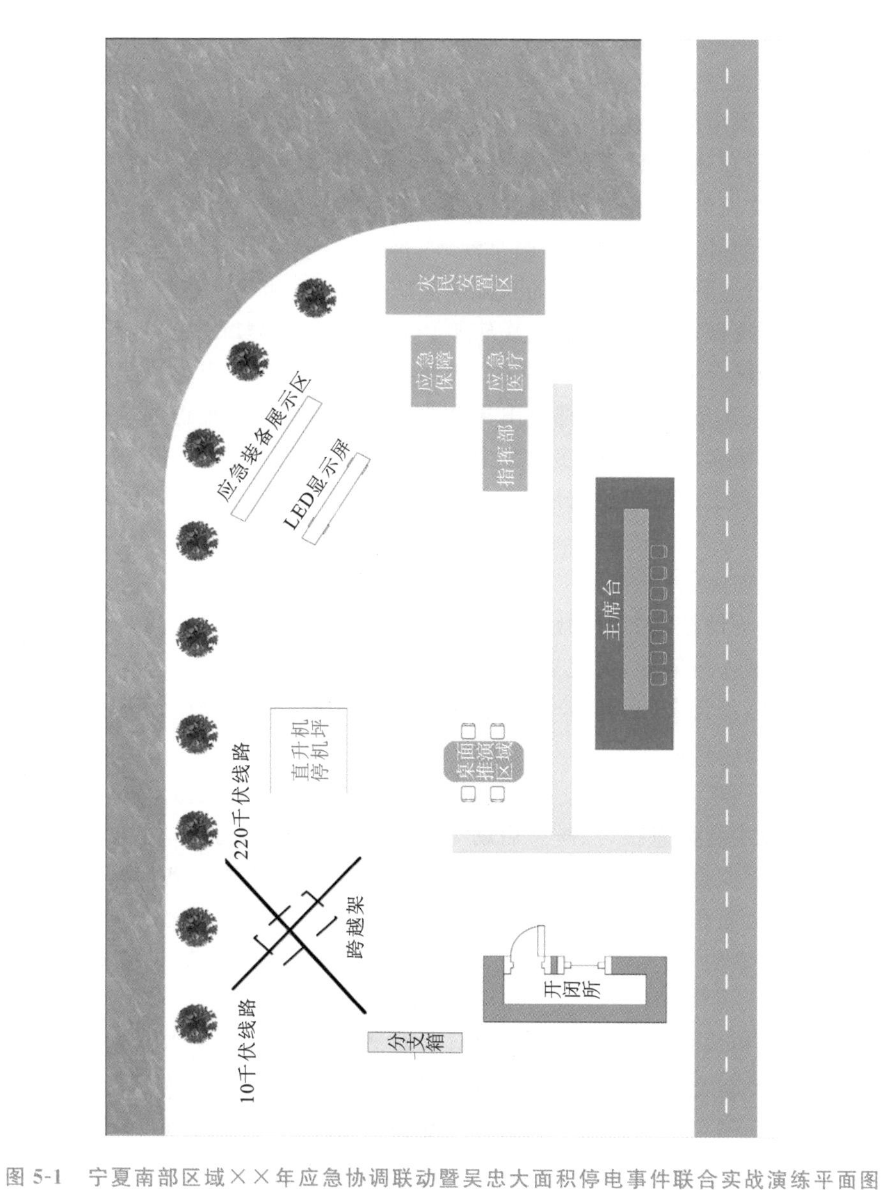

图 5-1 宁夏南部区域××年应急协调联动暨吴忠大面积停电事件联合实战演练平面图

公司上下高度重视此次演练活动，成立了演练领导小组和工作组，精心组织，周密安排，充分准备，以确保演练的顺利进行。公司×××总工程师、国网通用航空有限公司×××副总经理到现场观摩。此次演练得到了国网通用航空有限公司的大力支持，直升机首次参加国网吴忠供电公司应急演练，开展了救援队伍转运、直升机巡视和事故勘察实战演练，提升了公司应急救援的技术水平和实战能力。

此次演练也得到吴忠市委、市政府，吴忠市应急办、安监局、工信局，青铜峡市人民医院和青铜峡市消防大队等相关部门和单位领导的亲切关怀和大力支持，部分领导到现场观摩、指导，给予了演练较高评价。

国网吴忠供电公司、国网中卫供电公司、国网固原供电公司、国网宁夏检修公司、国网宁夏信息通信公司、国网宁夏送变电工程公司等相关单位领导观摩了此次演练，达到了交流经验、相互促进、共同提高的目的。

纵观整个演练，过程流畅，突破常规，内容丰富，事件响应迅速，联动机制有效，抢修措施得当，达到演练预期目的。此次演练具有以下特点：

一是创新突破，组织严密。此次宁夏南部区域联合演练是公司系统首次在夜间组织的大型联合演练，突破以往在白天演练的常规。夜间应急抢险对现场环境、组织协调水平、人员处置能力都提出更高要求。各参演公司与青铜峡市消防大队、青铜峡市人民医院协调联动，多种应急救援力量协同参与，全方位、多视角展现重大灾害处置过程。演练组织有序，实战处置高效。演练规模大，难度高，组织工作周密到位。

二是贴合实际，针对性强。针对自然灾害造成的大面积停电事件，此次演练开展高压配电室火情控制、伤员救治，施工跨越架搭建，输电线路抢修塔组立，无人机放线，湖中被困人员解救，灾民安置点临时供电，重要用户负荷恢复等工作。演练科目设置合理，符合实际，涵盖全面，着重检验和提升应急抢修所需各种技能，有较强的实用性和针对性。

三是流程明晰，突出实战。此次演练采用桌面演练与实战演练相结合的模式，按照事件的发生与信息报告、应急启动与响应、应急指挥与协调、现场抢险救援、设备设施抢修、后期恢复等流程进行，全面展现应急救援处置的各个环节。通过演练，公司应对大面积停电事件的应急预案得到检验。实战演练充分展示了应急队伍良好的专业素质、较高的技能水平、严明的组织纪律和顽强的拼搏精神，达到了预期目的。

在演练取得成功、收获经验的同时，也要清醒地认识到这毕竟是一次模拟演练，参演人员要有充分的思想准备，实际突发事件应急救援有很多情况是无法预料的，甚至会远远超出想象。虽然在演练前克服了很多困难，包括场地、设施、气候等不利条件，但实际演练中，在一些方面仍然存在不足，在细节方面仍有很大的提升空间，这更显示了组织应急演练的及时性和必要性。演练结束后，各单位要认真总结经验、分析短板并进行改进、提高。要把联合演练工作与日常性安全管理工作结合起来，不断促进演练成果转化，将应急管理工作做深、做实、做细，全力推进应急管理水平再上新台阶。

第六章　国网平罗县供电公司大面积停电事件应急演练剖析

一、国网平罗县供电公司××年大面积停电事件应急演练管理

5月31日，国网平罗县供电公司（本章"公司"指国网平罗县供电公司）圆满完成国网宁夏电力首家全公司观摩的无脚本大面积停电桌面演练＋实战演练。此次演练是一场典型的县级大面积停电事件应急演练，全面检验了县公司系统应急处置能力和协同作战能力，为做好"上合峰会及自治区成立60周年大庆"保电工作打下坚实基础，对开展县级大面积停电事件应急演练有很好的借鉴意义。

1. 国网平罗县供电公司大面积停电事件应急演练策划

根据平罗县实际情况，此次演练通过开展演练策划来形成完整的演练方案，其主要包含演练目标、演练组织机构、演练核心事件、演练开展方式等。

（1）演练目标。

①检验公司各部室大面积停电事件应急预案及部室处置方案的职责分工、处置流程和应对工作机制；

②检验公司应急指挥机构的指挥协调、协同配合能力和应急处置熟练程度；

③检验公司应对大面积停电事件监测预警、应急响应、响应解除等关键流程；

④检验公司部室处置大面积停电事件对内、对外汇报流程。

（2）演练组织机构。

为保证此次演练顺利开展，确保演练工作取得实效，国网平罗县供电公司成立大面积停电应急演练领导小组，由公司总经理任总指挥、公司副总经理任副总指挥，公司各部门负责人为成员，负责领导桌面演练筹备和实施工作、审定桌面演练方案及演练脚本、审定桌面演练总结和决定桌面演练的其他事项。演练领导小组下设导演策划组和评估组，导演策划组由安监部牵头，负责编制桌面演练方案，拟定演练脚本，负责桌面演练组织、协调和现场调度，协调、指导公司参演部室、班组进行桌面演练准备工作，督促检查准备工作。评估组由专家组牵头，负责制定演练评估方案，对应急预案执行、演练组织实施、演练宣传报道、演练取得效果等进行观

摩和评估，提出评估意见和建议，形成评估报告。

此次演练的参演单位和部门包括：国网平罗县供电公司、平罗县政府应急办、国网石嘴山供电公司应急办、平罗县政府会务中心、平罗县公安局交通警察大队、国网惠农区供电公司、国网红果子供电公司等。国网平罗县供电公司参演部门包括：安监部、运检（建设）中心、客服中心、综合管理部、运检班、用电检查班等。

(3)演练核心事件。

此次演练模拟平罗县气象局先发布大风、暴雨黄色预警，公司初判气象灾情发生后，发布大面积停电黄色预警，事件发生后立即开展应急处置和信息报送，直至应急结束全过程。

平罗县气象局发布大风、暴雨黄色预警，5月29日18时，平罗地区将出现当年以来最明显的一次小范围强降雨、大风天气，强降雨将集中在平罗县城及渠口、通伏等乡（镇）地区。预计6小时内累计降雨量可能达到50毫米以上，同时伴有较强雷电活动，局部地区可能出现8～9级以上大风。安监部、运检（建设）中心对此次恶劣天气的影响进行了分析、研判，认为电网和设备运行面临严峻形势，建议公司发布大风、暴雨黄色预警，相关部室、班组开展预警行动。

5月30日14时左右，26条10千伏配网线路跳闸，其中10条重合成功，6条发生倒杆断线、3条被刮倒的树木压断导线、7条因异物刮接发生短路，宁夏新安科技有限公司（简称新安科技）、平罗县供水公司、平罗县中医院、平罗县广播电视局等重要客户停电，事故共造成平罗电网减供负荷15.5万千瓦，占全网负荷的14.5%，停电用户数4.3万，占用电客户总数的26.8%，达到公司小规模大影响停电事件标准。按照《国网平罗县供电公司大面积停电事件应急预案》，公司启动Ⅲ级应急响应，相关部室、班组迅速响应先期处置，公司大面积停电应急领导小组高效指挥，外部联络政府相关部门，内部协调相关部室、班组协同处置，保障应急处置工作顺利完成。

(4)演练开展方式。

此次演练采取“桌面演练＋模拟实战”的方式，演练共分为监测预警、应急响应、响应结束三个阶段，由各参演部门、单位和人员根据大面积停电事件应急预案、部门处置方案分阶段模拟处置。此次演练还采用无脚本演练的方式，极大地检验参演人员对事故处置流程熟悉程度、部门协作方式、汇报沟通能力等。

2. 国网平罗县供电公司大面积停电事件应急演练设计

(1)监测预警阶段“任务—职责—履责”匹配。

监测预警阶段的应急任务是接收气象预警信息、报告风险信息、进行风险研判、提出气象预警建议、发布预警信息、实施预警行动。根据事故处置流程和特点，进行了“任务—职责—履责”匹配，见表6-1。

表 6-1　　国网平罗县供电公司大面积停电事件应急演练监测预警阶段“任务—职责—履责”匹配

应急任务	执行措施	参演单位及人员
接收气象预警信息	国网平罗县供电公司接收平罗县气象局发布的大风、暴雨黄色预警	平罗县气象局、国网平罗县供电公司
报告风险信息	国网平罗县供电公司各部门向安全应急办汇报风险信息并开展先期处置工作	国网平罗县供电公司综合管理部、安监部、客服中心、运检中心、安全应急办
进行风险研判	国网平罗县供电公司安全应急办汇总风险信息并进行风险研判	国网平罗县供电公司安全应急办
提出气象预警建议	国网平罗县供电公司安全应急办向公司副总经理提出气象预警建议	国网平罗县供电公司副总经理、安全应急办
发布预警信息	国网平罗县供电公司副总经理同意发布气象预警建议，安全应急办通过传真、电子邮件、安监一体化平台、应急管理微信群等方式发布公司大风、暴雨黄色预警	国网平罗县供电公司副总经理、安全应急办
实施预警行动	相关部门开展预警行动	国网平罗县供电公司运检中心、运检班、业主项目部、客服中心、用电检查班、后勤班、综合管理部，各供电所

（2）应急响应阶段“任务—职责—履责”匹配。

应急响应阶段的应急任务是先期处置和信息初报、启动响应、初报灾情信息、召开第一次会商会议、领导讲话并部署工作、启动应急响应。根据事故处置流程和特点，进行了“任务—职责—履责”匹配，见表 6-2。

表 6-2　　国网平罗县供电公司大面积停电事件应急演练应急响应阶段“任务—职责—履责”匹配

应急任务	执行措施	参演单位及人员
先期处置和信息初报	国网平罗县供电公司运检中心、客服中心、安全应急办打国网石嘴山供电公司安全应急办电话，报告灾情，国网石嘴山供电公司安全应急办提出先期处置要求	国网平罗县供电公司运检中心、客服中心、安全应急办，国网石嘴山供电公司安全应急办
启动响应	国网平罗县供电公司安全应急办报请公司副总经理批准后启动响应	国网平罗县供电公司安全应急办、副总经理
初报灾情信息	国网石嘴山供电公司安全应急办和办公室主任分别打国网宁夏电力安全应急办和石嘴山市政府值班室电话，报告灾情信息	国网石嘴山供电公司安全应急办、办公室主任，国网宁夏电力安全应急办，石嘴山市政府值班室

续表

应急任务	执行措施	参演单位及人员
召开第一次会商会议	国网平罗县供电公司相关部门和单位在应急指挥中心召开大面积停电事件应急领导小组第一次会商会议，相关单位和部门汇报	国网平罗县供电公司副总工程师、运检部、调控中心、营销部、信通分公司、办公室、物资部、建设部、党建部、综合服务中心、发展部、财务部，石嘴山农村电力服务有限公司，宁夏隆鼎电力有限公司，国网惠农区供电公司
领导讲话并部署工作	国网平罗县供电公司副总经理讲话部署工作	国网平罗县供电公司副总经理
启动应急响应	国网平罗县供电公司立即组织应急抢修力量，同时国网石嘴山供电公司运检部、国网红果子供电公司、国网惠农区供电公司派出跨区域支援队伍，全力以赴开展应急处置和供电恢复工作	国网平罗县供电公司、国网石嘴山供电公司运检部、国网红果子供电公司、国网惠农区供电公司

(3)响应结束阶段“任务—职责—履责”匹配。

响应结束阶段的应急任务是召开第二次会商会议、终止应急响应、专家评估、领导讲话。根据事故处置流程和特点，进行了“任务—职责—履责”匹配，见表6-3。

表6-3　国网平罗县供电公司大面积停电事件应急演练响应结束阶段“任务—职责—履责”匹配

应急任务	执行措施	参演单位及人员
召开第二次会商会议	国网平罗县供电公司召开大面积停电事件应急领导小组第二次会商会议，相关单位部门汇报应急处置情况	国网石嘴山供电公司运检部、国网平罗县供电公司、党建部、综合服务中心、发展部、财务部，国网惠农区供电公司
终止应急响应	国网平罗县供电公司副总经理宣布响应终止并部署后续工作	国网平罗县供电公司副总经理
专家评估	国网宁夏电力专家点评	国网宁夏电力专家
领导讲话	国网平罗县供电公司副总经理讲话并宣布演练结束	国网平罗县供电公司副总经理

3. 国网平罗县供电公司大面积停电事件应急演练实施

国网平罗县供电公司大面积停电事件应急演练是一场无脚本桌面演练，演练模拟5月29日公司收到气象预警通知，平罗县气象局先发布大风、暴雨黄色预警，气象灾情对电网和设备运行造成一定影响后，公司经研判发布大面积停电事件黄色预警，停电事件发生后，公司立即开展应急处置和信息报送，直至应急结束全过

程。预计演练时长约60分钟。演练现场由导调官利用视频、图片、PPT等形式引导参演人员按既定处置措施，开展处置行动。具体流程如下：

(1)参演人员培训。

演练正式实施前，需要对参演人员进行培训，目的是告知参演人员的职责分工、任务要点和注意事项。

参演单位(部门)及人员有国网石嘴山供电公司副总经理、安全总监、安监部主任，国网平罗县供电公司经理及各部室、班组人员。国网宁夏电力会场参会人员有安监部副主任、安全应急处处长等。

国网平罗县供电公司综合管理部、安监部、客服中心及运检中心报告安全应急办收到平罗县气象局发布的大风、暴雨黄色预警，安全应急办迅速汇总相关信息，组织分析研判，向公司应急领导小组提出大风、暴雨黄色预警建议。经公司应急领导小组批准，安全应急办通过传真、电子邮件、安监一体化平台、应急管理微信群等方式发布公司大风、暴雨黄色预警。公司相关部门和单位按照专项应急预案开展预警行动。运检中心组织运检班、各供电所开展线路的运行监测，核实应急物资(备品备件)存储情况，业主项目部做好新建工程的检查防护。客服中心组织向重要客户告知停电的风险、督促指导重要客户做好自备应急电源检查。综合管理部组织做好新闻宣传和舆论引导及后勤保障工作。灾情发生后，运检中心等相关部门立即了解电网和设备受损情况，分别向公司领导和安全应急办汇报灾情并组织开展先期处置工作。公司应急领导小组迅速组织召开第一次应急会商会议。公司安全应急办立即汇报国网石嘴山供电公司、平罗县政府应急办。国网石嘴山供电公司、平罗县政府相继启动大面积停电事件Ⅳ级应急响应。安监部及时汇总相关信息，编写《国网平罗县供电公司大面积停电事件处置日报》报送县政府应急办和市供电公司应急办。经过全力抢修，平罗电网基本恢复正常运行，停电负荷恢复供电比例达到98.2%。公司召开大面积停电事件应急领导小组第二次会商会议。按照公司领导要求，安全应急办向平罗县政府应急办、国网石嘴山供电公司应急办分别汇报电网抢修、用户恢复和公司结束应急响应情况。公司各部门、各单位落实会议要求，依据大面积停电事件应急预案和部门处置方案，组织做好后期处置工作，进一步做好专业总结，不断提升各专业安全生产工作水平。

(2)正式演练。

①演练总指挥宣布演练开始。

②导调官宣布演练进入第一阶段：监测预警。

a.导调官通过视频结合解说词介绍此次演练的背景(本次演练模拟平罗地区遭受大风、暴雨恶劣天气侵袭，气象灾情对当地电网和设备运行造成严重影响，导致多条10千伏主干线路发生故障，达到小规模大影响停电事件标准，公司启动大面积停电事件Ⅲ级应急响应)，烘托现场气氛。

动作1：接收气象预警信息。5月29日18时，平罗县气象局发布大风、暴雨黄色预警：受强对流天气影响，预计未来6小时内，平罗县及周边地区将出现大风和暴雨天气，累计降雨量可能达到50毫米以上，同时伴有较强雷电活动，局部地区可能出现8～9级以上大风，提醒有关部门、单位以及广大群众注意防范。

动作2：风险信息研判与报告，气象预警建议。安全应急办组织综合管理部、客服中心及运检中心、开展气象会商，汇集气象信息。综合管理部、安监部、客服中心及运检中心对此次恶劣天气的影响进行了分析研判，认为电网和设备运行面临严峻形势，建议公司下发大风、暴雨黄色预警。

动作3：预警发布与实施行动。公司安全应急办报请副总经理批准后，通过传真、电子邮件、安监一体化平台、应急指挥信息系统等方式发布大风、暴雨黄色预警。

b.解说词：导调官提供初始场景1，即据气象部门黄色预警信息，5月29日夜间到5月30日白天，平罗县可能出现大风和强降雨天气，预计6小时内降雨量超过50mm，局部地区风力达8～9级。极端灾害天气造成部分电网发生故障，5月30日10时30分，平罗辖区10条10千伏配网线路跳闸，重合成功4条，事故造成平罗县城及周边多个乡镇停电。

动作1：公司电网大面积停电事件专项处置办公室组织安监部、运检中心、客服中心、综合管理部召开会商会议，各部门依次汇报预警行动和先期处置情况。

动作2：公司电网大面积停电事件专项处置办公室汇总各部门汇报信息并报请公司电网大面积停电专项处置领导小组组长批准后，通过传真、电子邮件、安监一体化平台、应急指挥信息系统等方式发布大面积停电事件黄色预警通知。

动作3：公司安全应急办向国网石嘴山供电公司安全应急办和平罗县政府汇报公司电网大面积停电事件黄色预警发布情况。

③导调官宣布演练进入第二阶段：应急响应。

a.导调官通过视频的方式介绍初始场景2(5月30日12时左右，26条10千伏配网线路发生跳闸，重合成功10条，其中，6条10千伏线路发生倒杆断线，3条10千伏线路被刮倒的树木压断导线，7条10千伏线路发生异物刮接短路，新安科技、平罗县供水公司、平罗县医院、平罗县广播电视局、平罗县政府等5家重要客户停电，事故共造成平罗电网减供负荷15.5万千瓦，占全网负荷的14.5%，停电用户数为4.3万，占用电客户总数的26.8%，达到公司小规模大影响停电事件标准)。

动作1：先期处置和信息初报。国网平罗县供电公司运检中心、客服中心等打国网石嘴山供电公司安全应急办电话，报告灾情信息，国网石嘴山供电公司安全应

急办提出先期处置要求。

动作2:提出大面积停电事件应急响应建议。国网平罗县供电公司安全应急办电话连线公司副总经理,提出大面积停电事件应急响应建议。

动作3:灾情信息初报。国网石嘴山供电公司安全应急办和办公室主任分别打国网宁夏电力安全应急办和石嘴山市政府值班室电话,报告灾情信息。

b.解说词:导调官用旁白的方式介绍领导部署工作要求。一是运检中心使用高空作业车安排对异物刮接进行清除,尽快隔离故障点,调整电网运行方式,恢复重要客户供电。二是安监部立即调派应急基干分队赶赴现场参与抢修,通知各班所注意故障巡视和抢修过程中的安全管控,并安排人员做好现场安全指导。三是业主项目部立即调遣辖区配网施工队赶赴抢修现场支援。四是客服中心及时跟进现场抢修进度,做好重要客户停电的告知。五是综合管理部及时收集资料信息,与国网石嘴山供电公司党建部、平罗县政府、媒体联系,做好信息报送和发布,加强抢修现场正面宣传报道,做好应急指挥、现场抢修人员的后勤保障工作。

动作1:综合管理部主动联系新闻媒体,开展抢修现场新闻宣传报道工作。

动作2:运检中心、安监部、客服中心、业主项目部迅速落实会议要求,组织应急抢修力量,全力以赴开展应急处置和抢修恢复工作。

④导调官宣布演练进入第三阶段:响应结束。

a.导调官通过视频结合解说词的方式介绍相关信息(截至5月31日17时,16条10千伏配网跳闸停电线路已恢复15条供电,521姚通线故障正在抢修中,停电的486个配电台区已恢复480个,4.3万停电用户已恢复送电4.15万户,停电客户恢复率达96.5%)。

动作1:5月31日17时,公司召开大面积停电事件应急领导小组第二次会商会议。

动作2:运检中心汇报电网抢修恢复情况,其余部门汇报应急处置情况。

动作3:国网平罗县供电公司副总经理宣布演练终止并部署工作要求。

b.导调官用旁白的方式介绍公司各部门、各单位落实会议要求,依据大面积停电事件应急预案和部门处置方案,组织做好后期处置工作,进一步做好专业总结,不断提升各专业安全生产工作水平,并引导演练点评、总结和宣布演练结束。

动作1:国网宁夏电力专家点评。

动作2:国网平罗县供电公司总结讲话并宣布演练结束。

国网平罗县供电公司大面积停电事件应急演练脚本如表6-4～表6-6所示。

表 6-4 国网平罗县供电公司大面积停电事件应急演练监测预警阶段演练脚本

<table>
<tr><th>序号</th><th colspan="2">情景内容</th><th>节点控制</th><th>主屏(观摩)显示画面</th><th>时长/分</th><th>备注</th></tr>
<tr><td>1</td><td rowspan="4">气象风险监测预警</td><td>接收气象预警信息</td><td>【视频 1:气象预警】:5 月 29 日 18 时,平罗县气象局发布大风、暴雨黄色预警:受强对流天气影响,预计未来 12 小时内,平罗地区将出现当年以来最明显的一次小范围大风、强降雨天气,强降雨将集中在平罗县城及渠口、通伏等乡镇地区。预计 6 小时内累计降雨量可能达到 50 毫米以上,同时伴有较强雷电活动,局部地区可能出现 8～9 级以上大风,提醒有关部门、单位以及广大群众注意防范</td><td>PPT</td><td>0.5</td><td></td></tr>
<tr><td>2</td><td rowspan="3">风险研判与报告</td><td>【综合管理部】:报告安全应急办,综合管理部收到平罗县气象局发布的大风、暴雨黄色预警,预计 5 月 30 日,平罗县及周边地区将出现大风和暴雨天气,同时伴有较强雷电活动。已向应急值班室发送传真,同时向运检中心、客服中心通报相关信息,汇报完毕。
【安全应急办】:收到,请与气象部门加强联系,关注天气变化,及时通报信息</td><td rowspan="3">先 PPT;
后主会场</td><td>0.5</td><td></td></tr>
<tr><td>3</td><td>【安监部】:报告安全应急办,安监部收到国网石嘴山供电公司安全应急办发布的大风、暴雨黄色预警,已向应急值班室发送传真,同时向运检中心、客服中心通报相关信息,经研判本次恶劣天气来势凶猛,根据以往恶劣天气下电网受损情况,建议公司下发大风、暴雨黄色预警,汇报完毕。
【安全应急办】:收到,请继续关注并及时通报信息</td><td>0.5</td><td></td></tr>
<tr><td>4</td><td>【客服中心】:报告安全应急办,客服中心收到平罗县气象局发布的大风、暴雨黄色预警,经分析研判,平罗电网负荷主要集中在两个工业园区和县城居民用电,如果发生多条 10 千伏线路跳闸,会造成大量的用户及居民停电,供电用户停电占比较高,造成的社会影响将会很大,建议公司下发大风、暴雨黄色预警,汇报完毕。
【安全应急办】收到,请继续关注并及时通报信息</td><td>0.5</td><td></td></tr>
</table>

续表

<table>
<tr><th>序号</th><th colspan="2">情景内容</th><th>节点控制</th><th>主屏(观摩)显示画面</th><th>时长/分</th><th>备注</th></tr>
<tr><td>5</td><td rowspan="3">气象风险监测预警</td><td>风险研判与报告</td><td>【运检中心】:报告安全应急办,运检中心收到平罗县气象局发布的大风、暴雨黄色预警,经研判本次恶劣天气累计降雨量较多,根据公司电网以往在恶劣天气时的运行状况,不排除会发生诸多线路跳闸、停运情况,因为本公司10千伏电网当前正处于改造期,大部分线路在沟边、田间,抗大风、暴雨的能力不强,可能发生异物刮接、倒杆断线故障。建议公司下发大风、暴雨黄色预警,汇报完毕。
【安全应急办】:收到,我们将综合各方面信息,组织分析研判,并向公司应急领导小组提出气象灾害预警建议</td><td>先PPT;后主会场</td><td>0.5</td><td></td></tr>
<tr><td>6</td><td rowspan="2">气象预警建议</td><td>【旁白1】安全应急办迅速汇总相关信息,组织分析研判,向公司应急领导小组提出大风、暴雨黄色预警建议</td><td>PPT</td><td>0.1</td><td></td></tr>
<tr><td>7</td><td>【安全应急办】:报告副总指挥,刚刚收到平罗县气象局、平罗县政府应急办、国网石嘴山供电公司安全应急办分别发布的大风、暴雨黄色预警,预计5月30日,平罗县城及周边地区将出现大风和暴雨天气,预计6小时内累计降雨量将达到50毫米以上,同时伴有较强雷电活动,局部地区可能出现8～9级以上大风。运检中心、安监部、客服中心对此次恶劣天气的影响进行了分析研判,认为电网和设备运行面临严峻形势,建议公司下发大风、暴雨黄色预警,汇报完毕。
【副总经理】:好的,同意下发国网平罗县供电公司大风、暴雨黄色预警,请密切关注天气变化,组织开展预警行动。
【安全应急办】:收到,立即落实</td><td>先PPT;后主会场</td><td>0.8</td><td></td></tr>
</table>

续表

序号	情景内容		节点控制	主屏(观摩)显示画面	时长/分	备注
8			【旁白2】经公司应急领导小组批准,安全应急办通过传真、电子邮件、安监一体化平台、应急管理微信群等方式发布公司大风、暴雨黄色预警		0.1	
9	气象风险监测预警	预警发布	【运检中心】:运检班、各供电所,公司发布了国网平罗县供电公司大风、暴雨黄色预警通知,请加强线路的运行监测,核实应急物资(备品备件)存储情况。各级抢修人员保持电话畅通,进入24小时待命状态。 【运检班、供电所】:收到,立即落实。 【运检中心】:主任,请通知辖区内所有城农网改造施工在建作业现场,暴雨期间停止一切施工作业,做好新开挖沟道的防塌和新立电杆基础检查,所有工程施工人员待命,做好应急抢修支援准备。请安排人员对物资库房的备品备件进行检查,确保物资储备齐全、充足。 【业主项目部】:收到,立即落实。 【客服中心】:用电检查班,公司发布了国网平罗县供电公司大风、暴雨黄色预警通知,请组织人员向重要客户告知停电的风险,督促指导重要客户做好自备应急电源检查。 【用电检查班】:收到,立即落实。 【综合管理部】:后勤班,公司发布了国网平罗县供电公司大风、暴雨黄色预警通知,请组织人员做好职工餐厅的食料储备和办公大楼的安保工作。 【后勤班】:收到,立即落实	先PPT;后主会场	3	
10		预警行动	【视频2】公司相关部门和单位按照专项应急预案开展预警行动。运检中心组织运检班、各供电所开展对线路的运行监测,核实应急物资(备品备件)存储情况,业主项目部做好对新建工程的检查防护。客服中心向重要客户告知停电的风险、督促指导重要客户做好自备应急电源检查。综合管理部做好新闻宣传和舆论引导及后勤保障工作	PPT	1	

续表

序号	情景内容		节点控制	主屏(观摩)显示画面	时长/分	备注
11	大面积停电风险监测预警	汇集电网和设备故障信息	【视频3:气象灾情发生】5月30日8时10分,平罗县及周边地区出现大风和强降雨天气,局部地区风力达到8～9级,预计6小时内累计降雨量超过50毫米;10时30分,受暴风、强降雨影响,平罗辖区10条10千伏线路发生跳闸故障,重合成功4条,事故造成平罗县城及周边多个乡镇停电	PPT	1	
12		大面积停电事件预警建议	【运检中心】:报告安全应急办,运检中心刚接到国网石嘴山供电公司配调中心通知,截至5月30日12时30分,平罗地区10条10千伏配网线路发生跳闸,重合成功4条;目前设备故障呈增多趋势,电网安全运行风险增大,我们正在组织故障排查,已做好应急抢修准备,汇报完毕。 【安全应急办】:收到,请继续关注电网运行情况,发现异常及时汇报。 【客服中心】:报告安全应急办,刚刚收到新安科技、平罗县供水公司、平罗县医院等重要客户来电告知发生停电,受恶劣天气影响,电网运行风险逐渐增大,汇报完毕。 【安全应急办】:收到,请继续关注客户运行情况,发现异常及时汇报。 【安全应急办】:报告副总指挥,刚刚收到运检中心、客服中心汇报,截至5月30日10时30分,平罗地区10条10千伏配网线路发生跳闸,重合成功4条;新安科技、平罗县供水公司、平罗县医院等重要客户停电。经与安监部、运检中心、客服中心分析研判,鉴于目前设备故障呈增多趋势,电网安全运行风险增大,建议公司下发大面积停电事件黄色预警。 【副总经理】:同意下发国网平罗县供电公司大面积停电事件黄色预警,立即组织各部门落实预警行动和应急准备工作,并将公司预警情况向国网石嘴山供电公司和平罗县政府应急办报备。 【安全应急办】:收到,立即落实	先PPT;后主会场	4	

续表

序号	情景内容		节点控制	主屏(观摩)显示画面	时长/分	备注
13	大面积停电风险监测预警	预警发布与预警行动	【安全应急办】:安监部,请立即启用公司应急指挥中心,安排应急值班,召集应急救援基干队伍待命。 【安监部】:收到,立即执行。 【安全应急办】:运检中心,立即组织人员到位,检查车辆、物资、应急发电设备,开展故障巡视,做好抢修准备。 【运检中心】:收到,立即执行。 【安全应急办】:客服中心,密切关注重要客户用电情况,制订故障情况下用户供电方案,督促指导重要客户启动自备应急电源。 【客服中心】:收到,立即执行。 【安全应急办】:综合管理部,请做好应急值班、抢修人员后勤及医疗保障和应急信息发布准备工作。 【综合管理部】:收到,立即执行	先 PPT;后主会场;对话结束切 PPT	0.8	
14			【旁白 3】:公司相关部门按照预警要求迅速开展行动,业主管理部组织安排气象灾害影响区域在建工程停工,开展防灾避险措施检查,协调属地配网施工单位做好应急抢修支援准备;运检中心做好应急物资、装备、设备等保障准备;综合管理部加强网络舆情监测,做好新闻宣传、舆论引导和信息发布相关准备,做好应急指挥、处置、值班人员后勤及医疗保障;客服中心做好重要客户停电风险的告知,督促、指导停电的重要客户启动应急自备电源;安全应急办将公司大面积停电事件预警情况报告平罗县政府应急办、安监局、工信局和国网石嘴山供电公司安全应急办	PPT	1	

表 6-5　国网平罗县供电公司大面积停电事件应急演练应急响应阶段演练脚本

序号	情景内容		节点控制	主屏（观摩）显示画面	时长/分	备注
1	灾情发生	大面积停电事件发生	【视频 4：大面积停电灾情发生】：5 月 30 日 12 时左右，26 条 10 千伏配网线路发生跳闸，其中 10 条重合成功，6 条 10 千伏线路发生倒杆断线、3 条 10 千伏线路导线被刮倒的树木压断、7 条 10 千伏线路因异物刮接发生短路，新安科技、平罗县供水公司、平罗县医院、平罗县广播电视局、平罗县政府等重要客户停电，事故共造成平罗电网减供负荷 15.5 万千瓦，占全网负荷的 14.5%，停电用户数为 4.3 万，占用电客户总数的26.8%。达到公司小规模大影响停电事件标准	PPT	1	
2	响应启动	先期处置和信息初报，事发单位启动相应级别应急响应	【旁白 4】灾情发生后，公司运检中心、客服中心等相关部门立即了解电网和设备受损情况，分别向公司领导和安全应急办汇报灾情并组织开展先期处置。公司应急领导小组迅速组织召开第一次应急会商会议	PPT	0.3	
3			【安全应急办】：汇报副总指挥，应急领导小组成员和应急专家已到位，应急指挥中心已开启。 【副总经理】：现在我们召开应急会商会议，请各相关部门汇报受灾情况和应急处置工作开展情况	先主会场；对话结束切 PPT	0.3	
4			【运检中心】：运检中心汇报，截至目前平罗辖区共 26 条 10 千伏配网线路发生跳闸，10 条重合成功。已安排 15 支队伍共 56 人开展故障巡视，发现前进变电站 515 前西Ⅰ回线、521 前西Ⅱ回线 36#～39# 杆，519 前县Ⅰ回线、523 前世线 34#～35# 杆，521 六中线沿河闸分支有十二基杆塔被大风刮倒；513 沿黄线 14#～16# 杆，521 姚通线 18#、25# 杆导线被大风刮断的树木压断；平西变电站 521 县城Ⅱ回等 7 条线路刮接异物，故障现场较多、抢修力量不足，请尽快协调。 【客服中心】：客服中心汇报，截至目前，事故共造成平罗电网减供负荷 15.5 万千瓦，占全网负荷的 14.5%，停电台区 486 个，停电用户数 4.3 万，占用电客户总数的 26.8%。			

续表

序号	情景内容		节点控制	主屏（观摩）显示画面	时长/分	备注
4	响应启动	先期处置和信息初报，事发单位启动相应级别应急响应	新安科技、平罗县供水公司、平罗县医院、平罗县广播电视局、平罗县政府等5家重要客户反映停电，已安排营销人员赶赴现场指导客户启用应急自备电源。 【综合管理部】：综合管理部汇报，已增加办公大楼安保力量，做好后勤送餐准备和车辆应急调派工作。 【安监部】：安监部汇报，已安排应急值班工作，应急基干分队已集结待命，应急装备检查齐全	先主会场；对话结束切PPT	3.5	
5	响应启动	提出大面积停电事件应急响应建议	【安全应急办】汇报副总指挥，根据各部门的汇报，经分析研判，受灾情况已达到公司小规模大影响停电事件标准，建议启动公司大面积停电事件Ⅲ级应急响应。 【副总经理】：同意启动国网平罗县供电公司大面积停电事件Ⅲ级应急响应。由孙××副经理带队，安监、运检、营销各部门人员组成工作组，赶赴现场指导参与应急处置。安全应急办立即汇总相关信息报送国网石嘴山供电公司和平罗县政府应急办。 【安全应急办】：收到，立即执行	主会场对话结束	0.5	
6	指挥协调	各部门分工处置	【副总经理】：运检中心，使用高空作业车安排对异物刮接进行清除，尽快隔离故障点，调整电网运行方式，恢复重要客户供电。进入电缆沟道前，注意人员安全，开启排风装置，必须经气体检测合格，才能进入。 【运检中心】：收到，根据目前故障情况，通过平西变电站512平工线60#杆联络开关反带至前进变电站515前西Ⅰ回线60#杆后段负荷，恢复平罗县中医院、平罗县供水公司供电；通过高庄变电站517高平Ⅰ回线反带至前进变电站519前县Ⅰ回线37#杆，恢复平罗县广播电视局供电。巡视发现新安科技停电原因为平西变电站515平精线三喜化工分支2#杆开关跳闸，跳闸原因为所带金长城矽业用户电缆出现故障，可隔离用户故障恢复全线供电。 【副总经理】：同意运检中心负荷倒切方案，要核实现场故障点完全隔离，确保现场操作人员的安全	先PPT；后主会场	2.5	

续表

序号	情景内容		节点控制	主屏(观摩)显示画面	时长/分	备注
7	指挥协调	各部门分工处置	【副总经理】:安监部,请立即调派应急基干分队赶赴现场参与抢修,通知各班所要注意故障巡视和抢修过程中的安全管控,确保不发生人员伤亡或其他次生、衍生灾害,并安排人员做好现场安全指导。 【安监部】:收到,安监部立即安排安全稽查组分两组赶赴事故现场指导检查	先PPT;后主会场	0.2	
8			【副总经理】:业主项目部,立即调遣辖区配网施工队赶赴抢修现场支援。 【业主项目部】:收到,各配网施工队伍已集结待命,立即安排前往故障现场支援抢修	先PPT;后主会场	0.1	
9			【副总经理】:客服中心,及时跟进现场抢修进度,做好重要客户停电的告知。 【客服中心】:收到,立即安排落实	先PPT;后主会场	0.1	
10			【副总经理】:综合管理部,及时收集资料信息,与国网石嘴山供电公司党建部、平罗县政府、媒体联系,做好信息报送和发布,加强抢修现场正面宣传报道,做好应急指挥、现场抢修人员的后勤保障工作。 【综合管理部】:收到,立即汇总相关停电、抢修信息、编写稿件,及时与上级部门沟通做好宣传发布	先PPT;后主会场;	0.2	
11			【旁白5】公司安全应急办立即汇报市供电公司、平罗县政府应急办。国网石嘴山供电公司、平罗县政府相继启动大面积停电事件Ⅳ级应急响应	PPT	1	
12	突发事件一	平罗县会务中心应急保电现场	【现场单兵视频】:5月30日13时30分,平罗县政府两路供电电源失电,1小时后政府会务中心将召开重要会议,请求立即恢复供电。国网平罗县供电公司立即调派500千瓦发电车前往应急支援,对政府配电室进行巡视检查,隔离各侧市电电源进线后,发电车电源接入政府配电室,恢复政府供电	先PPT;后现场视屏	5	

续表

序号	情景内容		节点控制	主屏(观摩)显示画面	时长/分	备注
13	突发事件二	倒杆断线现场抢修	【视频5】:5月30日16时10分,平罗变电站514简泉线电视台分支27#~36#杆发生倒杆断线,由于抢修力量不足,国网平罗县供电公司安全应急办立即汇报国网石嘴山供电公司安全应急办启动跨区应急联动,国网惠农区供电公司、国网红果子供电公司应急基干分队前往支援。应急抢修人员立即赶赴现场,办理应急抢修单,开展立杆、架线抢修工作。19时10分,现场抢修完毕,恢复线路送电。 【现场负责人打安全应急办电话】:汇报安全应急办,平罗变电站514简泉线电视台分支27#~36#杆倒杆断线故障处理完毕,已恢复供电,请指示。 【安全应急办】:收到,感谢兄弟单位的大力支援,通知队伍返回途中请注意交通安全	先PPT;后现场视屏;再主会场	5	
14	突发事件三	环网柜电缆烧损现场	【视频6】:5月30日20时10分,高庄变电站526高平Ⅲ回线萧公大街1#环网柜901间隔出线电缆头炸裂、901开关跳闸,造成祥云都市花园、金顺小区、山水民居等小区停电,现场立即提供应急照明,隔离故障,对901间隔电缆头进行更换制作,21时50分恢复供电。 【运检中心】:汇报安全应急办,高庄变电站526高平Ⅲ回线萧公大街1#环网柜901间隔出线电缆头故障处理完毕,已恢复供电。 【安全应急办】:收到,请做好抢修队伍的休整,做好后续应急处置准备	先PPT;后现场视屏;再主会场	5	
15		召开大面积停电事件应急领导小组碰头会	5月31日9时10分,天气持续转好,平罗县气象局解除大风、暴雨黄色预警。经过全力抢修,平罗辖区16条10千伏配网跳闸停电线路已恢复10条供电,停电负荷恢复供电比例达到58%。公司组织召开大面积停电事件应急领导小组碰头会。 【副总经理】:现在召开碰头会,请运检中心、客服中心、综合管理部分别汇报当前应急处置和救援情况。			

续表

序号	情景内容		节点控制	主屏(观摩)显示画面	时长/分	备注
15		召开大面积停电事件应急领导小组碰头会	【运检中心】:运检中心汇报,截至5月31日9时,16条10千伏配网跳闸停电线路已恢复10条供电,其中城网7条,分别为前进变电站519前县Ⅰ回线、523前世线、515前西Ⅰ回线、521前西Ⅱ回线,平罗变电站514简泉线、515县城线、516机砖线,五香变电站513沿黄线、渠口变电站511二闸线、513渠口线。经巡视发现高庄变电站10千伏配网电缆沟道积水严重,其余停电线路正在抢修中,今日共出动抢修人员156人,出动车辆26台次。后续抢修进展我们正在密切关注,随时汇报。 【安全应急办】:收到,请及时调派人员对电缆沟道内积水进行清除,并进行通风晾晒,防止次生故障发生。 【客服中心】:客服中心汇报,截至5月31日9时,5家重要停电用户已全部恢复供电,恢复配电台区供电286台,用户数2.8万余户,停电用户恢复率65%。已及时将灾情向95598国网北方分中心报备,用电检查班、各供电所已向停电用户做好宣传解释工作。 【安全应急办】:收到,请继续做好未恢复供电客户的安抚和解释工作。 【综合管理部】综合管理部汇报,截至5月31日9时,已经与县委宣传部、电视台、国网石嘴山供电公司党建部联系,发送宣传报道3篇,已安排增加安保值班3人,目前未发现舆情和负面新闻报道。 【安全应急办】:收到,请密切关注相关信息,做好后续新闻宣传报道。 【副总经理】:通过各部门的汇报,可知抢修恢复工作取得了一定的成效,但各部门要加强协调沟通,进一步跟进抢修恢复的进展情况。运检中心要注意现场抢修人员的搭配和接替互换,确保人员的精力、体力满足抢修要求。 【运检中心】:收到。 【副总经理】:客服中心要做好对停电用户的解释和劝导工作,要争取用户的理解和支持,避免用户上访和不稳定事件发生。 【客服中心】:收到。 【副总经理】:安监部要尽快汇总当前的抢修处置进展情况,及时报送平罗县政府应急办和国网石嘴山供电公司安全应急办。 【安监部】:收到		5	

续表

序号	情景内容		节点控制	主屏(观摩)显示画面	时长/分	备注
16		召开大面积停电事件应急领导小组碰头会	【旁白6】:安监部及时汇总相关信息,编写《国网平罗县供电公司大面积停电事件处置日报》报送平罗县政府应急办和国网石嘴山供电公司安全应急办		1	
17	突发事件四	引流线烧断现场	【视频7】5月31日12时30分,前进变电站515前西Ⅰ回线路110#杆T接分支引流线烧断,造成平罗人民会堂、政务中心停电。西环路与宝丰路红绿灯停运,造成交通拥堵,现场带电作业车无法进入现场开展作业,现场负责人及时汇报公司安全应急办协调,经交警部门配合现场疏导指挥交通,顺利完成带电接火工作。 【运检中心】:汇报安全应急办,经交警部门配合,前进变电站515前西Ⅰ回线路110#杆T接分支引流线带电作业工作完毕,已恢复供电。 【安全应急办】:收到,请队伍返回并待命	先PPT;再现场视屏;再主会场	5	

表6-6 国网平罗县供电公司大面积停电事件应急演练响应结束阶段演练脚本

序号	情景内容		节点控制	主屏(观摩)显示画面	时长/分	备注
1	响应结束与后期处置	各部门汇报	【副总经理】:现在我们召开第二次应急会商会议,请各部门对供电恢复情况进行汇报。 【运检中心】:运检中心汇报,截至5月31日17时,16条10千伏配网跳闸停电线路已恢复15条供电,521姚通线故障正在抢修中,后续抢修进展我们正在密切关注,随时汇报。 【客服中心】:客服中心汇报,截至5月31日17时,停电的486个配电台区已恢复480个,4.3万停电用户已恢复送电4.15万户,停电用户恢复率达96.5%。 【综合管理部】:综合管理部汇报,截至5月31日17时,与县委宣传部、电视台、国网石嘴山供电公司党建部及时联系汇报,共发布公司抗灾抢险宣传报道6篇,石嘴山市日报社、平罗县电视台等主要媒体对公司抗灾保电工作进行重点报道。社会公众对此次气象灾害造成停电事故表示理解,对公司迅速响应抗灾抢修、恢复送电工作表示赞许,汇报完毕。			

续表

序号	情景内容		节点控制	主屏（观摩）显示画面	时长/分	备注
1	响应结束与后期处置	各部门汇报	【安监部】：安监部汇报，截至 5 月 31 日 17 时，共稽查指导抢修现场 18 处，未发生人员违章作业行为，未发生次生、衍生事故，汇报完毕。 【安全应急办】：安全应急办汇报，目前，平罗电网已基本恢复正常供电，具备解除公司大面积停电应急响应的条件，建议公司结束应急响应，汇报完毕	先 PPT；后主会场	2	
2		后期处置	【副总经理】：同意解除公司大面积停电事件应急响应。安全应急办做好公司应急处置情况信息报告；综合管理部继续做好后续的信息发布和舆论引导工作；运检中心组织落实电网恢复重建工作；安监部尽快组织开展事件调查和应急处置评估；各部门按照应急预案要求继续做好后期处置工作	主会场	0.5	
3			【旁白 7】：按照公司领导要求，安全应急办向平罗县政府应急办、国网石嘴山供电公司安全应急办分别汇报电网抢修、用户恢复和公司结束应急响应情况。公司各部门、各单位落实会议要求，依据大面积停电事件应急预案和部门处置方案，组织做好后期处置工作，进一步做好专业总结，不断提升各专业安全生产工作水平		0.5	
4	结束大面积停电事件应急响应		【副总经理】：汇报总指挥，国网平罗县供电公司大面积停电事件演练各项环节已全部结束，请指示！ 【总经理】：我宣布，国网平罗县供电公司大面积停电事件演练结束	主会场	0.5	
5			【旁白 8】：同时国网石嘴山供电公司办公室向石嘴山市政府值班室、国网宁夏电力有限公司值班室报告信息，安全应急办向石嘴山市政府应急办、安监局、工信局和国网宁夏电力有限公司安全应急办分别汇报电网抢修、用户恢复和公司结束应急响应情况。公司各部门、各单位落实会议要求，依据大面积停电事件应急预案和部门处置方案，组织做好后期处置工作，进一步做好专业总结，不断提升各专业安全生产工作水平		0.5	

续表

<table>
<tr><th>序号</th><th colspan="2">情景内容</th><th>节点控制</th><th>主屏(观摩)显示画面</th><th>时长/分</th><th>备注</th></tr>
<tr><td>6</td><td rowspan="2">总结提升</td><td rowspan="2">演练点评、总结和宣布结束</td><td>【副总经理】:今天的演练科目已全部完成,欢迎评委专家对本次演练进行点评。
【点评专家】:点评</td><td rowspan="2">主会场</td><td>3</td><td></td></tr>
<tr><td>7</td><td>【副总经理】:请总指挥对本次演练做总结。
【经理】:总结报告。
【副总经理】:现在我宣布,国网平罗县供电公司××年“迎峰度夏”大面积停电事件应急演练到此结束</td><td>3</td><td></td></tr>
</table>

4.国网平罗县供电公司大面积停电事件应急演练评估

此次演练评估采用过程评估和领导、专家点评的方法进行,首先对评估人员进行筛选,为使评估客观公正,对评估人员进行评估培训,之后按照国网宁夏电力有限公司大面积停电事件应急演练评估工作表单实施评估,相关表单详见附录三、附录四、附录五。

二、国网平罗县供电公司××年大面积停电事件应急演练实务

1.国网平罗县供电公司大面积停电事件应急演练方案

为进一步检验公司大面积停电事件应急预案和部室处置方案的实效性,检验本单位相关部室应对大面积停电突发事件的快速反应和有效处置能力,锻炼大面积停电应急领导小组及其办公室的指挥能力,保障突发事件处置的顺利进行,结合公司迎峰度夏工作实际,制定此次应急演练方案。具体内容如下:

(1)演练管理架构。

①演练领导小组:

a.领导桌面推演筹备和实施工作;

b.审定桌面推演方案及演练脚本;

c.审定桌面推演总结;

d.决定桌面推演的其他事项。

②演练导演策划组:

a.编制桌面推演工作方案,拟定演练脚本;

b.负责桌面推演组织、协调和现场调度;

c.协调、指导公司参演部室、班组进行桌面推演准备工作,负责督促检查准备工作。

③演练评估组：

a. 负责制定演练评估方案；

b. 对应急预案执行、应急演练方案、演练组织实施、演练宣传报道、演练取得效果等进行观摩、评估，提出评估意见和建议，形成评估报告。

(2)参演单位和部门。

参演单位包括：国网平罗县供电公司、平罗县政府应急办、国网石嘴山供电公司应急办、平罗县政府会务中心、平罗县公安局交通警察大队、国网惠农区供电公司、国网红果子供电公司等。

国网平罗县供电公司参演部门包括：安监部、运检中心、客服中心、综合管理部、运检班、用电检查班等。

①安监部：负责制定桌面推演方案和流程，会同公司相关参演部室、班组编制演练脚本；定期组织召开协调会，协调桌面推演的前期准备、预演和演练工作。

②参演部室、班组：指定专人负责全程配合桌面推演准备工作；负责参与审查演练方案、流程和脚本，编写演练脚本中本部室、班组相关内容，协调组织拍摄实战演练视频；部室、班组负责人定期参加协调会，参加桌面推演。

③综合管理部：负责桌面推演预演、正式实战演练期间的后勤保障，桌面推演的视频拍摄和稿件宣传报道工作。

(3)演练时间及地点。

5 月 31 日 14 点 30 分，公司应急指挥中心。

(4)演练场景及主要内容。

此次演练模拟平罗县气象局先发布大风、暴雨黄色预警，公司初判气象灾情发生后，发布大面积停电黄色预警，事件发生后立即开展应急处置和信息报送工作，直至应急结束全过程，预计演练时长约 60 分钟。

平罗县气象局发布大风、暴雨黄色预警，5 月 29 日 18 时，平罗地区将出现当年以来最明显的一次小范围强大风、降雨天气，强降雨将集中在平罗县城及渠口、通伏等乡镇地区。预计 6 小时内累计降雨量可能达到 50 毫米以上，同时伴有较强雷电活动，局部地区可能出现 8～9 级以上大风。安监部、运检中心对此次恶劣天气的影响进行了分析、研判，认为电网和设备运行面临严峻形势，建议公司发布大风、暴雨黄色预警，相关部室、班组开展预警行动。

5 月 30 日 14 时左右，26 条 10 千伏配网线路发生跳闸，其中 10 条重合成功，6 条发生倒杆断线、3 条被刮倒的树木压断导线、7 条因异物刮接发生短路，新安科技、平罗县供水公司、平罗县中医院、平罗县广播电视局等重要客户停电，事故共造成平罗电网减供负荷 15.5 万千瓦，占全网负荷的 14.5%，停电用户数 4.3 万，占用电客户总数的 26.8%，达到公司小规模大影响停电事件标准。按照《国网平罗县供电公司大面积停电事件应急预案》，公司启动Ⅲ级应急响应，相关部室、班组迅速响应先期处置，公司大面积停电应急领导小组高效指挥，外部联络政府相关部门，内部协调相关部室、班组协同处置，保障应急处置顺利完成。

(5)演练方式及流程。

此次演练采取桌面推演＋模拟实战的方式，共分为监测预警、应急响应、响应结束三个阶段。各参演部室、班组和人员根据大面积停电事件应急预案、部室处置方案分阶段模拟处置。

公司相关部室、班组集中在应急指挥中心，通过会议、讨论、汇报等形式，组织预警行动、应急处置和会商会议，对相关应急预案、职责、流程和协同指挥进行演练。运检班配合开展模拟实战演练，拍摄照片、视频等影像资料，展示预警行动和应急响应措施。

①监测预警阶段。

a. 气象灾害预警。

b. 大面积停电预警。

②应急响应阶段。

a. 先期处置和信息报告。

b. 发布应急响应。

c. 信息初报。

d. 召开第一次会商会议。

e. 信息续报和引导舆论。

f. 应急处置。

③响应结束阶段。

a. 应急响应结束。

b. 召开第二次会商会议。

c. 信息终报。

大面积停电事件处置结束后，公司安全应急办、总值班室进行大面积停电事件信息终报。

2. 国网平罗县供电公司大面积停电事件应急演练引导片文稿

平罗县地处宁夏平原北部，距银川 50 千米，是石嘴山市唯一的建制县，东跨黄河水，西依贺兰山。县域总面积 2060 平方千米，自古是西北的鱼米之乡、富庶之地，有“塞上小江南”的美誉。国网平罗县供电公司营业面积 1641.27 平方千米，担负着为辖区内 2 个工业区、6 镇 5 乡的工农业生产及 16 万居民生活供电的任务，2015 年公司售电量首次突破 100 亿千瓦时。公司先后荣获国家电网“电网先锋党支部”“新农村电气化建设先进单位”，国网宁夏电力有限公司示范文化长廊、石嘴

山市2016—2019年度“文明单位”等称号，连续多年取得“平罗县政风行风评议服务窗口行业第一名”“支持地方经济发展”“优化发展环境”“改革创新”“特殊贡献”等荣誉。

在经济高速发展的社会，大面积停电事故一旦发生，将给人民生活和社会秩序带来灾难性影响，给社会安全和稳定带来严重威胁。无情的灾难警示我们，建立自然灾害及突发事件的应对机制，最大限度减少突发事件对电网造成的影响，是电网企业服务社会经济建设不可推卸的责任。

为进一步检验公司大面积停电事件应急预案和部门处置方案的有效性与可操作性，提高公司处置大面积停电突发事件的快速反应、整体联动能力，国网平罗县供电公司举行了大面积停电事件应急演练。此次演练模拟平罗地区遭受大风、暴雨恶劣天气侵袭，气象灾情对当地电网和设备运行造成严重影响，导致多条10千伏主干线路发生故障，达到小规模大影响停电事件标准，公司启动大面积停电事件Ⅲ级应急响应。

此次演练采取桌面推演＋模拟实战的方式，演练共分为监测预警、应急响应、响应结束三个阶段，由各参演部门、单位和人员根据大面积停电事件应急预案、部门处置方案分阶段模拟处置。

【拓展阅读】

国网平罗县供电公司大面积停电事件应急演练活动领导讲话

同志们：

今天，我们在国网平罗县供电公司举办平罗区域××年“迎峰度夏”大面积停电事件应急演练，在国网宁夏电力有限公司、国网石嘴山供电公司的大力支持下，国网平罗县供电公司精心组织安排和各单位密切配合，演练达到了预期效果，取得了圆满成功。在此，我谨代表平罗县政府向组织、参加演练的单位和工作人员表示慰问，向圆满完成演练任务的参演人员表达敬意和感谢，对本次演练的成功表示祝贺。

本次演练有效磨合了平罗区域跨单位、跨部门应急联动机制，提升了平罗辖区应对大面积停电突发事件的快速反应能力和实战救援水平，有力地推进了平罗县应急救援体系建设。多年来，国网平罗县供电公司全面履行政治责任、经济责任和社会责任，全力配合平罗县经济发展建设、支持平罗地区重点企业发展，为工农业生产和人民生活提供了强有力的电力保障，为平罗地区经济社会发展作出了重要贡献。

这次演练的成功举办，使平罗县在预防和应对大面积停电突发事故方面积累了经验，对其他行业、部门加强应急救援体系建设、提高企业防范安全事故的能力，起到了很好的示范作用。这次演练充分体现了国网平罗县供电公司认真落实安全生产责任制、强化安全管理的坚定信念。在取得演练成功、收到可喜效果的同时，我们也要清醒地认识到，这次演练毕竟是一次模拟演练，与实际事故救援抢修还存在较大的区别，一旦发生真正的突发事故，遇到的困难可能会超出我们的预期和想象。因此，我们要更加认真地做好日常安全防范和监管，防微杜渐，力争把事故苗头消灭在萌芽状态。

“有备则无患，远虑解近忧”，希望国网平罗县供电公司一如既往地落实好上级企业管理部门和平罗县委、县政府的各项要求，把安全工作牢牢抓在手上、落实到行动上，把事故应急预案和演练紧密结合，通过不断演练，打造一支招之能来、来之能战、战而必胜的强有力的保障队伍，为用户提供更加安全、便利的电力服务，为平罗地区经济、社会发展作出更大的贡献！最后祝国网平罗县供电公司事业兴旺！祝各位领导和全体参演人员身体健康、工作顺利！

谢谢大家！

第七章　基于“大面积停电”主题的电网企业应急演练总结

一、电网企业履行社会责任应急演练成果

参与事故灾难电力救援、公共卫生电力保障、社会安全电力保障、自然灾害电力救助以及开展公益事业是电网企业非常重要的一项工作，是电网企业履行社会责任的重要途径。电网企业非常乐意也非常积极地去履行社会责任，主要体现在理论和实践两个方面：理论上，我国电网企业深挖电网企业社会责任的内涵，建立与之相符的企业文化；实践中，我国电网企业立足国情和实际，积极探索科学的企业社会责任观，致力于从探索、宣贯、检验和完善科学的企业社会责任入手，推进企业实践社会责任。

1. 电网企业履行应急救援社会责任应急演练成果

一直以来，电网企业积极参与事故灾难电力救援、公共卫生电力保障、社会安全电力保障和自然灾害电力救助。同时，为了能更好地履行社会责任，电网企业定期开展相应的应急演练。以自然灾害电力救助应急演练为例，我国省、市、县各级国网电力企业都会根据当地自然灾害风险开展相应的大面积停电事件应急演练，如预防地震、泥石流、洪涝灾害、强对流天气等引发的大面积停电事件应急演练。

例如，国网宁夏电力有限公司××年开展的地震灾害处置应急联合演练中，宁夏电网公司通过风险分析，总结出宁夏是地震多发地区，历史上海原、平罗发生过8级以上地震，又是国家地震重点监测地区，为提高公司处置地震灾害的能力，决定开展地震灾害处置应急救援实战演练。

演练模拟5月31日，宁夏银川地区发生里氏6.9级地震，城区及周边区域大面积房屋倒塌，电力设施受损严重，重要用户停电，公用通信设施中断，运维站人员失联，公司调控中心EMS主要功能失去。按照《国网宁夏电力有限公司地震灾害应急处置应急预案》启动Ⅱ级应急响应，有关部门和事发单位迅速响应。调控中心启用备用调度，指挥银川地调快速恢复电网运行。北部区域三地（市）供电公司、检修公司启动应急救援联动机制，调集应急救援基干分队、应急通信车辆、发电照明

设备、应急物资，紧急组建应急通信系统，快速为重要用户和场所提供照明和电力供应，抢修被毁电力设施，搜救失联人员。

2.电网企业履行重大活动应急保电社会责任应急演练成果

重大活动应急保电是电网企业义不容辞的使命，青岛APEC峰会、奥运会、两会、春节联欢晚会等重大活动的顺利举办都离不开电网企业背后的默默付出。如宁夏回族自治区(以下简称“自治区”)成立60周年大庆期间，国网宁夏电力认真落实党中央、国务院及有关政府部门安全生产工作部署，进一步增强政治意识、大局意识、核心意识、看齐意识，将为自治区成立60周年大庆保电作为公司当年最重要的政治任务之一，以高度的责任感和使命感，以最高的标准、最有效的组织保障、最可靠的技术措施、最饱满的精神状态、最严明的工作纪律，举全公司之力，全面统筹、扎实做好保电工作，坚决杜绝各类事故发生，确保自治区成立60周年大庆期间电网安全稳定和电力可靠供应。现在介绍一下自治区成立60周年大庆期间，国网宁夏电力做的工作。

为进一步贯彻落实国网宁夏电力保电工作要求，做好大庆期间的公司安全生产和稳定工作，确保圆满完成大庆期间的保电任务，国网宁夏电力通过总结以往重大活动中大面积停电应急演练的经验，从保电组织体系建立到保电工作机制健全，最后落地于保电措施落实，详细制定了自治区成立60周年大庆电力安全保障方案。

(1)组织体系。

为了集中精力抓好保电措施和要求的落实，协调解决保电重大事项和重要问题，做到管理到位、人员到位、责任到位、措施到位，公司成立了自治区60周年大庆保障组织体系，各专业部门和单位各负其责、通力合作，加强与政府部门的沟通协调，争取支持，形成合力。

①综合协调组(安监部牵头)。负责研究、制定保电工作方案，编制重点工作计划，组织保电动员会，开展监督检查，督促落实保电措施，组织保电值班，做好保电工作信息报送。

②运维检修组(运检部牵头)。负责与保电相关的运维检修工作，会同调度确定保电范围，排查、治理电网设备缺陷、隐患，组织落实电力设施安全保卫和反恐怖防范措施，参加保电值班，做好保电工作信息报送。

③调度运行组(调控中心牵头)。负责与保电相关的电网调度运行控制工作，梳理重要输电通道，列出保电重点防护输变电设施清单，合理安排运行方式，组织落实调度控制措施，保证公司电网安全稳定运行，参加保电值班，做好保电工作信息报送。

④优质服务组(营销部牵头)。负责与保电相关的有序用电和优质服务工作，

组织开展政府、广播电视、新闻媒体、医疗、交通等重要场所和用户用电安全检查，督促落实保电措施和要求，保障为重要用户安全可靠供电，组织做好优质服务，协调落实专业保电措施相关费用，参加保电值班，做好保电工作信息报送。

⑤基建安全组（建设部牵头）。负责与保电相关的电力建设安全保障工作，加强基建施工作业管控，开展基建工程施工、外包项目安全检查，组织各单位落实施工安全措施和要求，参加保电值班，做好保电工作信息报送。

⑥信通网安组（信通分公司牵头）。负责与保电相关的信息通信和网络安全工作，组织各单位保障信息通信系统正常运行，落实网络安全各项措施和要求，参加保电值班，做好保电工作信息报送。

⑦维稳保密组（办公室牵头）。负责与保电相关的维护稳定和保密工作，组织各单位落实公司维护稳定和保密各项措施和要求，参加保电值班，做好保电工作信息报送。

⑧新闻宣传组（党建部牵头）。负责保电新闻宣传工作，积极应对舆情，组织各单位落实公司新闻宣传各项措施和要求，参加保电值班，做好保电工作信息报送。

⑨后勤安保组（综合服务中心牵头）。负责公司调度大楼安全保卫工作，做好公司保电值班后勤保障，组织各单位做好保电后勤服务，参加保电值班，做好保电工作信息报送。

(2)保电任务。

①扎实做好安全生产工作。公司各单位要严格落实安全生产责任，细化保电工作岗位职责，健全完善安全风险分级管控和隐患排查治理双重预防机制，落实各项反事故措施，有效防范各类电力安全事故发生，维护公司电网安全稳定局面。

②精心检修运维设备。将为市政府相关活动现场供电的变电站、开闭所、配电线路（电缆），以及出现故障后可能造成社会影响的供电设备作为重中之重，落实安全责任，加强巡视监控和运行维护，保证设备可靠运行。

a. 开展设备隐患排查、治理工作，利用带电检测和停电检修等各种必要手段，全面排查输电、变电、配电设备，电力设施保护区及重要场所（包括调控中心、重要变电站等）的安全隐患，8月底前完成整改，确保重要保电设备“零缺陷”运行。需要安排专项资金治理的，经报请公司党委会决策，按公司有关项目管理规定执行。

b. 做好与保电相关的变电站、输电通道防污闪、防山火措施，深度排查、治理施工外破区、线下树木生长区等防护薄弱区域通道隐患，确保输电系统安全、稳定运行。

c. 严格检修作业管理，领导干部和管理人员到岗到位，严格执行“两票三制”制度，加强现场作业人员人身安全保障；保电开始前三天，保电设备运行场所内所有施工及检修人员必须全部撤离，保电线路上不得安排计划检修，保电相关单位不得安排信息化系统升级维护工作。

③强化电网运行控制。

a. 保电期间，宁夏电网保持结构完整，保持全接线、全保护方式运行；密切跟踪新能源发电能力和天气变化等状况，加强负荷和发电预测，及时调整电网运行方式，保证系统留有必要的备用容量。

b. 深入查找、分析保电期间电网运行薄弱环节，校核继电保护、安全稳定装置等定值，制定电网调度应急处理预案，组织开展有针对性的反事故演练，提高应对处置能力；组织制定事故情况下的应急处置方案。

c. 督促并网电厂开展隐患排查、治理。督导相关电厂加强安全管理，强化设备维护，加强机网协调系统的运行管理，落实涉网安全工作要求，确保并网机组安全、稳定运行；加强与发电企业管理人员的有效沟通和协调，做好发电环节和电网环节保电任务的有效衔接。

d. 加强电网运行监控，严肃调度纪律，严格执行调度指令，严格控制电网各重要断面潮流，严禁超稳定限额和设备能力运行。

④开展安全防护和反恐怖规范工作。

保电相关单位确定重要防护目标，明确输电线路、变电站防护区域、范围和责任，逐一制定防护标准，安排专人值守，落实人防、物防、技防措施，加强电力设施保护区内的施工管理，严防外力破坏，保证电力设施可靠运行。对调度通信大楼加强24小时守卫，严格出入管理，对进入的车辆、人员做好安全检查。健全安全保卫和反恐怖防范协调机制，加强政企、警企联动，落实电力设施保护、安保和反恐怖防范措施。

a. 采取警企联动、专群结合等方式，落实电力设施保护力量，做好涉及保电任务的输配电线路、变电站（开闭所、配电室）的保护工作；保电期间，对与保电相关的重要变电站（开闭所、配电室）、输配电线路杆塔要安排人值守。

b. 对保电相关重要设备、关键部位电力设施落实人防、物防、技防措施，提前检查防盗报警设备、图像监控装置、电缆网控设施，保证上述设施可靠运行；保电期间，要加强电力设施保护区内的施工管理，防止吊车碰线、车辆撞杆、施工损伤电缆等情况发生。

c. 加强安全保卫工作，保电期间严格执行办公大楼、重要变电站（开闭所）、通信机房等各类场所安全保卫管理制度，对重要变电站、电力调度中心等场所实行24小时守卫，对出入车辆、人员做好安全检查。

⑤做好电网建设安全管理。

a. 切实落实国家电网十二项配套改革政策，落实现场两级管理，落实业主、施

工、监理三方责任，加强施工全过程监督检查，切实解决施工单位“以包代管”、监理单位“形同虚设”、业主管理“层层衰减”、分包队伍“散兵作战”等问题。

b.严格执行工作规范和到岗到位管理制度，加强组塔放线、跨越施工、近电作业及线路迁改等施工现场管控，对于重大风险挂牌督查，重点工程蹲点督导，确保施工安全。积极开展安规执行示范站、示范线建设，推进建设安规落地。

c.加大分包队伍及人员资质审查力度，开展安全资信“双报备”，严控分包队伍和人员行为，禁止劳务分包人员独立开展作业。严格实行“黑名单”和“负面清单”管理，及时掌控、动态清理不合格队伍。

⑥做好安全供电和优质服务。

a.制定细化重要客户保电方案和应急预案，对重要客户配电装置和自备电源配置、管理和使用提供必要的帮助和技术指导，提高供电可靠性。

b.组织开展重要客户供用电安全检查，协助、指导客户完成隐患排查治理，对于不能立即整改的客户侧隐患，在明确和客户的责任界面的前提下，要向客户发送隐患整改通知书，抄报政府有关部门和客户上级管理部门，做到服务、通知、报告、督导“四到位”。

c.滚动调整并落实有序用电方案，确保自治区成立60周年大庆主会场及有关活动场所用电，优先保障涉及公众利益和国家安全的重要客户、重要场所的用电需求。

d.落实公司供电服务“十项承诺”，为广大城乡居民提供真诚、热情、规范、高效的服务，提升公司整体服务水平，展现公司履行社会责任的形象。

⑦保障信息通信和网络安全。

a.强化信息通信基础设施及相关业务系统运行维护，开展与保电相关的信息通信系统、光缆、设备巡检消缺，督导做好系统运行、边界安全、安全加固等工作，确保公司信息通信系统安全运行。

b.加强网络安全管理，落实网络安全责任和安全防护要求，制定完善网络安全应急预案。做好应急视频会议系统、应急指挥中心保障工作，全面加强对所属各单位互联网出口、内外网边界、网络、信息通信系统、桌面计算机、门户网站的安全监测预警与综合防护，防范黑客、病毒及恶意代码攻击侵害，杜绝重大网络安全事故。

c.严格防范电力监控系统网络安全风险，全面加强网络边界防护，强化现场检修维护工作的风险管控，落实安全防护标准化管理各项要求，做好并网电厂技术监督，扎实做好值班监视和信息报告，确保电力监控系统安全、可靠运行。

⑧做好维护稳定和保密工作。对群众关心的焦点、难点问题以及其他影响企业稳定的关键因素进行分析、排查。做好矛盾化解工作，妥善处理历史遗留问题，严格落实维稳责任，坚决杜绝恶性稳定事件发生，确保公司系统和谐、稳定；认真执

行保密工作规定，加强保电工作涉密管理，层层落实保密工作责任，确保自治区成立60周年大庆保电相关文件、预案、方案和电网运行方式等资料安全，杜绝失密、泄密事件。

⑨加强新闻宣传和舆论引导。

a.围绕公司学习贯彻落实习近平新时代中国特色社会主义思想和党的十九大精神、全面加强党的建设、推动电网发展、推动公司发展、服务人民美好生活、服务“一带一路”建设主题，做好议题设置和宣传策划，统筹运用中央主流媒体、主要市场化媒体和网络媒体的影响力和传播力，确保自治区成立60周年大庆期间公司正面宣传的高质量、高密度，积极营造良好、和谐的外部舆论环境。

b.自治区成立60周年大庆期间，公司开展舆情值班，切实做到责任到位、措施到位、人员到位；严格执行舆情报告和信息报送制度，在遇突发事件时，确保舆情第一时间得到处置，重大信息能够及时、准确发布，积极引导社会舆论。

⑩强化保电值班及信息报送。保电期间，公司应急系统要时刻保持待命状态，公司领导在公司应急指挥中心参加保电值班，相关领导带领本部工作组赴现场督导保电实施工作，有关单位领导、专业技术人员和抢修队伍在岗值班，遇突发事件立即启动应急响应，确保上下联动、准确快速，使突发事件得到及时、有效的处置。

3.电网企业参与社会公益事业演练成果

电网企业参与社会公益事业的方式主要有企业内部建立志愿者队伍和对重要电力用户以及群众普及安全用电宣传。以广东电网广州供电局为例，当地的电力公益服务提供者是供电企业内的员工志愿者，22～30周岁的青年员工均成为注册员工志愿者，他们是广州供电局员工志愿者的主力。为积极响应南方电网公司及广州团市委的公益服务工作要求，2005年，广州供电局公益服务队成立，在局层面成立了1支志愿服务总队，4支志愿服务支队、服务分队和安全生产等专业志愿服务队，2014年在基层层面先后成立了24支综合志愿服务分队，开展电力保供电、电力知识走进校园、“小金雁”、慧灵慈善等志愿服务，为汶川地震、东北冰冻雪灾等募捐物资。

电网企业为园区、工业企业、大型公共建筑等重要电力用户提供多元化、个性化的综合能源服务；对铁路、机场、政府机关、医院、学校、大型商场等高危电力用户方受电设施、自备应急电源、运行管理等开展用电安全隐患排查；为煤矿、非煤矿山等高危重要电力用户提供供电管理服务，确保公共事业电力供应安全、可靠。

二、电网企业大面积停电事件应急演练总结

1.电网突发事件应急演练组织管理

演练活动是一个复杂的项目或者活动。作为一项大型的复杂活动，演练活动

包含多个环节和任务，各个环节之间相互联系、相互依存，需要投入大量的人力、物力。可见，要确保一场大型复杂应急演练顺利开展，需要参与演练管理的各成员分工合作。但是，在演练实践中，演练任务与职责往往不匹配，造成演练的实用性价值不高等问题。因此，需要建立规范的演练管理组织，形成“任务到人、责任到人”的演练管理模式。应急演练应在相关应急预案确定的应急领导机构或指挥机构的领导下组织开展，成立演练领导小组，由演练领导小组统筹指挥，演练领导小组一般下设策划导调组、技术支持组、后勤保障组和评估组，分工开展演练的组织筹备和实施各项工作。

对于不同类型和规模的演练活动，其组织机构和职能可以根据实际情况进行合理调整，演练小组也可以根据演练形式、演练规模等因素灵活设置。按照演练层级的不同，演练管理组织需要不同的单位和部门参与。电网企业应急演练一般包括电网企业内部应急演练和政企联合应急演练两种类型。

(1)演练领导小组。

演练领导小组负责应急演练活动全过程的组织领导，领导应急演练筹备和实施工作，审批应急演练工作方案和经费使用，审批演练评估报告，审批演练的重大事项。

电网企业内部大面积停电事件应急演练的演练领导小组组长视情况一般由公司总经理或副总经理担任；副组长一般由安监部主任担任；小组其他成员一般由公司相关部门负责人组成。

在政企联合大面积停电事件应急演练中，以地(市)级政企联合大面积停电事件应急演练为例，演练领导小组组长一般由分管副市长担任，副组长由市政府分管副秘书长、市工业和信息化委员会、当地供电公司主要负责人担任，成员包括市委宣传部、市发展改革委、市经济信息化委、市公安局、市民政局、市财政局、市城乡建设委、市国土资源房管局、市城市管理局、市交通运输委、市水利局、市林业局、市商务局、市文广新局、市卫生计生委、市安监局、市地震局、市气象局、市通信管理局、市铁路局、市供电公司、市发电公司等部门和单位有关负责人，以及有关区(市)政府分管负责人。小组其他成员一般由相关职能单位负责人组成。

在演练实施阶段，演练领导小组组长、副组长通常分别担任演练总指挥、副总指挥。

(2)策划导调组。

策划导调组负责应急演练总体策划、演练方案设计与编制、演练实施的组织协调、演练过程控制、演练评估总结、新闻宣传及舆情引导等工作。策划导调组一般下设总体策划小组、文案编制小组、综合协调小组、过程控制小组、宣教培训小组等。策划导调组所辖各小组职责：

①总体策划小组。负责演练准备、演练实施、演练总结等阶段各项工作的策划组织，一般由演练组织单位中具有应急演练策划组织经验和突发事件应急处置经验的人员组成。

②文案编制小组。负责制定演练计划、设计演练方案、编制演练脚本(有脚本应急演练)、编写演练总结报告以及归档与备案演练文档等文案工作。成员应具有一定的演练组织经验和突发事件应急处置经验。

③综合协调小组。负责与演练涉及的相关单位以及本单位有关部门之间的沟通协调。其成员一般为演练组织单位及参与单位的行政、外事等部门人员。

④过程控制(现场导调)小组。负责演练现场的总体控制、情景引导、解说等工作。大型综合性演练一般在总指挥部设总导调，在每个实时演练子场景设分导调。

⑤宣教培训小组。对全体参演人员进行分层次、分角色培训，确保所有演练参与人员掌握演练规则、演练情景和各自在演练中的任务。

(3)技术支持组。

技术支持组负责根据演练规划与需求准备演练所需的模型、道具，负责提供演练所需的情景引导 PPT 及音视频的制作、现场大屏视频接入、实时视频互联互通、现场通信设备正常运行等技术保障，负责提供其他应急演练技术支持，主要包括应急演练所涉及的调度通信、自动化系统、设备安全隔离等，负责演练技术保障方案的编制。其成员一般是演练组织单位的信息通信、自动化等专业的技术保障人员。

(4)后勤保障组。

后勤保障组负责根据演练的规模与需求确定演练场所，负责应急演练的会务、后勤保障工作，负责维持演练现场秩序、保障演练所需物资、装备及运输车辆，负责参演人员现场安全保卫工作，负责应急演练安全保障方案的制定与执行等。其成员一般是演练组织单位及参与单位后勤、财务、安保等部门人员。

(5)评估组。

评估组负责根据应急演练工作方案，拟定演练考核要点和提纲，跟踪和记录应急演练进展，发现应急演练中存在的问题，对应急演练进行点评，针对应急演练实施过程中可能面临的风险进行评估，负责审核应急演练安全保障方案。

2.电网突发事件应急演练策划和设计

从标准化构想角度来看，标准化的演练管理对应标准化的工作表单。笔者在第二章已经对大面积停电事件应急演练管理流程进行了标准化的探索。相对应地，也生成了一系列指导演练开展的控制文件。就策划和设计阶段而言，控制文件主要包括工作方案、演练手册、参演人员手册、演练脚本、演练流程图、情景引导 PPT 及音视频资料、演练评估表、演练安全保障方案、演练技术保障方案等。

(1)工作方案。

工作方案主要内容包括：

①演练目的与要求；

②演练时间、地点和方式；

③参演单位/部门、主要参演人员及其任务；

④演练科目与内容；

⑤演练情景设计；

⑥演练评估内容、准则和方法；

⑦演练技术支撑和保障条件；

⑧参演单位联系方式；

⑨应急演练安全保障方案；

⑩其他重要事项。

其中：演练科目应对照本单位大面积停电事件应急预案和相关专项预案进行设置，一般应包括监测预警、预警发布、预警行动、信息报告、先期处置、响应启动、指挥协调、应急处置、后期处置、社会沟通与舆论引导等环节内容，各单位可根据演练目的和要求、参演部门和单位情况进行调整，增加或减少部分科目。涉及政府和电力客户的综合演练或联合演练，还需对照同级政府预案，根据演练目的和要求、参演部门和单位情况进行调整，增加或减少部分科目。

演练情景设计应按照突发事件的发展演化规律及应急处置关键环节，设置事件发生的时间、地点、状态、波及范围以及变化趋势等要素，进行情景描述。如台风、地震、雨雪冰冻、洪涝等自然灾害及网络攻击引发的大面积停电，电网结构、设备设施损坏等引发的大面积停电，外力破坏、恐怖袭击等引发的大面积停电。情景设计要结合地域特点，选取具有典型代表性的城市生命线工程(交通、通信、供电、供水、排水、供气、供油等)、大型社区和医院、危化企业、煤矿等重要用户，结合具体场景，对演练过程中应采取的预警、应急响应、决策与指挥、处置与救援、保障与恢复、信息发布等应急行动与应对措施预先设定和描述。

(2)演练手册。

演练手册提供给所有参与演练活动的人员，内容一般包括演练的目的、意义、概况、时间、地点、参演单位、会场布置等，可根据演练规模、组织形式进行合理调整。

(3)参演人员手册。

参演人员手册主要介绍演练的形式、参演单位、人员范围、演练规则、演练联系方式、信息传递方式、安全防护要求等。

(4)演练脚本。

演练脚本是指应急演练工作方案的具体操作手册,可帮助参演人员掌握演练进程和各自需演练的任务。演练脚本一般采用表格形式,描述应急演练监测预警、应急响应与响应结束等各个环节对应每个步骤的情景内容、处置行动及执行人员、指令与报告对白、适时选用的技术设备、时刻及时长、视频画面与字幕、解说词等要素。

演练脚本主要适用于有脚本的桌面演练、示范性实战演练。

(5)演练流程图。

根据实际演练需求,分阶段绘制应急演练总体流程图,不同阶段流程要做到脉络清晰,衔接顺畅。演练流程一般可分为监测预警、应急响应、响应结束三个阶段,流程图要明确应急响应的部门、任务并适当加入情景演化的关键要素。

(6)情景引导 PPT 及音视频资料。

为了帮助参演人员和观摩人员直观了解演练背景和进程,保证演练效果,可采用提前编制情景引导 PPT,录制音视频现场播放的手段,需根据演练方案和脚本,制定音视频使用方案,确定主题和内容,提前开始音视频脚本编写和资料收集,录音拍摄,编辑制作等工作,以满足演练使用需要。

(7)演练评估表。

根据需要编写演练评估表,主要内容包括:

①演练概况:应急演练目的、情景描述,应急行动与应对措施简介等。

②评估内容:应急演练准备、应急演练方案、应急演练组织与实施、应急演练效果等。

②评估方法:应急演练评估所采用的方式、方法及技术手段。

④评估标准:应急演练目的实现程度的评判指标。

⑤评估程序:针对评估过程做出的程序性规定。

⑥附件:演练涉及的应急预案、处置方案、演练场景设置、演练总控脚本、演练流程图等。

(8)演练安全保障方案。

演练安全保障方案主要包括:

①可能发生的意外情况及应急处置措施;

②应急演练的安全设施与装备;

③应急演练非正常终止条件与程序;

④其他安全注意事项。

(9)演练技术保障方案。

①音视频交互系统意外情况及应急处置措施;

②备用网络通信通道的应急启动条件与措施；

③应急演练系统（终端）的应用；

④其他技术保障注意事项。

政企联合大型综合性演练在开始前，要充分利用互联网、微博、微信、移动客户端、广播、新闻等多种渠道广泛开展演练宣教培训，向社会公众宣传有关大面积停电情况下的避险、自救、互救知识，增强公众的危机意识、社会责任意识，防止次生、衍生事件发生；对全体参演人员进行分层次、分角色培训，确保所有演练参与人员掌握演练规则、演练情景和各自在演练中的任务。

3. 电网企业突发事件应急演练实施和评估

(1)演练实施。

演练正式实施前要对参演人员进行演练前培训，培训内容主要包括：介绍演练的形式、参演人员范围、角色分工、演练时长、演练规则、演练联系方式、信息传递方式、安全防护要求等，让参演人员熟悉演练流程、演练科目、角色任务等内容。

应急演练可提前根据演练目的与要求，结合演练预期效果分阶段、分步骤开展彩排，逐步达到正式演练要求。在正式实战演练前，需开展多种形式的彩排，一般按照桌面推演、分项演练、实战彩排的顺序依次进行。通过桌面推演熟悉演练方式、演练流程；通过分项演练提升各分项科目、环节的实战能力；通过实战彩排提升综合协同能力，磨合应急机制，保障正式演练时的环节流畅。

应急演练导调是一项对综合素质要求很高的工作，导调人员需要有良好的抉择能力和情景想象力、独到的艺术见解、较强的应变能力。导调人员是将一场真实、生动的应急演练呈现给观众的核心领导者。

在演练筹备阶段，导调人员要做好前期策划和案头工作，准确定位演练时间与电网的运行特点，结合实际情况撰写演练方案和脚本，设计演练呈现方式，制订摄制计划，协调各部门和单位开展视频拍摄和演练会场布置，制订工期时间表，明确每一个时间段的工作计划，组织相关人员进行视频拍摄和预演，协调解决筹备阶段的各种问题，确保演练前期工作有序开展。

在实施阶段，导调人员需要对演练过程中的各个环节进行实时监控。对于现场直播环节，导调人员负责现场演练与 PPT 引导的良好衔接，确保各环节流畅进行。导调人员要在熟悉各个演练环节衔接的基础上，与幕后工作者进行详细的沟通，同时做好突发事件的应对工作，做到细致入微、临场不慌、速战速决，保证整场演练有条不紊地进行。

(2)评估总结。

所有应急演练活动都应进行演练评估。演练结束后可通过组织召开评估会议、填写演练评估表、对参演人员进行访谈等方式对演练进行评估，也可要求参演单位提供自我评估总结材料，进一步收集演练组织实施的情况。演练评估报告的主要内容一般包括演练执行情况、预案的合理性与可操作性、应急指挥人员的指挥协调能力、参演人员的处置能力、演练所用设备装备的适用性、演练目标的实现情况、演练的成本效益分析、对完善预案的建议等。

演练总结可分为现场总结和事后总结：

①现场总结。在演练的一个或所有阶段结束后，由演练总指挥、总策划、专家评估组长等在演练现场对本阶段的演练目标、参演队伍及人员的表现、演练中暴露的问题、解决问题的办法等进行讲评和总结。

②事后总结。在演练结束后，由文案组根据演练记录、演练评估报告、应急预案、现场总结等材料，对演练进行系统和全面的总结，并形成演练总结报告。

演练评估总结主要包含三项事宜，分别是归档上报、演练评估和改进提升。

①归档上报。

a. 演练记录。

演练实施过程要有必要的记录，分为文字、图片和声像记录，其中文字记录内容主要包括演练开始和结束时间，演练指挥组、主现场、分现场实际执行情况，演练人员表现，出现的特殊或意外情况及其处置情况。可根据演练的规模和要求，进行图片和声像记录，保存整个演练过程的视频，为后续开展工作提供支持。

b. 文件归档。

应急演练活动结束后，将应急演练方案、演练脚本、应急演练评估报告、应急演练总结报告等文字资料，以及记录演练实施过程的相关图片、视频、音频等资料进行归档保存。

c. 信息上报。

各级演练组织单位要根据演练形式、规模，按照公司应急演练管理工作要求及时向上级单位及总部进行演练信息上报，重要的大型综合应急演练要在演练后5个工作日内上报上级单位及公司总部，中型跨区域联合应急演练要在演练后1个月内上报上级单位及区域电网主管单位，小型应急演练要在季度汇报中向上级单位上报演练相关信息。

②演练评估。

主办单位在演练结束10个工作日内，组织开展演练评估，内容主要包括：演练基本情况，从演练的准备及组织实施情况、参演人员表现等方面具体分析好的做法和存在的问题以及演练目标的实现、演练成本效益分析等；对演练评估中发现的问题提出整改的意见和建议；对演练组织实施情况的综合评价，并给出优（无差错地完成了所有应急演练内容）、良（达到了预期的演练目标，差错较少）、中（存在明显缺陷，但没有影响实现预期的演练目标）、差（出现了重大错误，演练预期目标受到

严重影响，演练被迫中止，造成应急行动延误或资源浪费）等评估结论。

③改进提升。

a. 修订完善预案。

演练评估报告或总结报告认定演练与预案不衔接，甚至产生冲突，或预案不具有可操作性的，由应急预案编制部门按程序及时对预案进行修订，对演练中发现的新问题，要根据情况及时做好修编预案的计划与编制工作。

b. 持续改进工作。

应根据应急演练评估报告、总结报告提出的问题和建议，督促相关部门和人员制订整改计划，明确整改目标，制订整改措施，落实整改资金，并跟踪、督查整改情况。

三、电网企业突发事件应急演练标准化构想

突发事件应急演练作为检验和提升企业应急能力的主要手段之一，近年来越来越受到各级政府和企事业单位的重视，应急演练工作在各行业也得到大力推进，其在检验应急预案、完善应急准备、锻炼应急队伍、磨合应急机制、应急科普宣教等方面发挥了重要作用。我国的应急演练工作尚处于起步阶段，对演练策划的详细步骤、不同类型演练的区分与结合、演练评估的流程和方法、如何提高演练的系统性和规范性等诸多重要问题没有阐述清楚，特别是在当前安全形势严峻和应急管理水平不断提高的大背景下，突发事件应急演练存在设计无统一标准、实施缺失执行规范、评估仅限事后总结等问题，造成突发事件应急演练的理论和实践价值大打折扣。为了提高应急演练的成效，需要从组织管理、策划设计、组织实施和评估总结等方面，不断探索应急演练标准化管理模式。

（1）组织管理标准化。

按照应急演练开展的特点，将参加演练的人员以三层金字塔形式进行组织管理，金字塔顶层为演练领导层，中层为演练策划层，基层为演练参与层。演练领导层成立领导小组，负责提出演练要求，审核演练工作计划、演练方案、演练评估报告、改进计划等重要事项，能够为演练的策划、实施、评估、改进提供支持。演练策划层成立演练策划小组，负责制定演练工作计划，开展演练项目设计、演练实施、演练评估与总结等。位于金字塔基层的参演人员包括有关应急管理部门（单位）工作人员、各类专兼职应急救援队伍，以及志愿者队伍等，承担具体演练任务，针对模拟事件场景作出应急响应行动。

（2）策划设计标准化。

演练策划阶段是针对整个演练的基础性工作，实践中需要完善策划设计的标准化工作流程和技术要求。策划设计主要包括演练工作计划、演练设计、演练保障

等内容，由演练策划团队负责。

在演练的初期策划阶段，需要组建一支演练策划团队。演练策划团队的工作贯穿演练的策划、设计、实施、评估各个阶段。演练策划团队具体负责制订演练工作计划，开展演练项目设计、演练实施、演练评估与总结等。

①演练工作计划。演练策划团队成立之后，应制订演练工作计划，明确演练实施的日期和地点、演练方案编写与审定的期限、物资器材准备的期限、评估准备的期限等，确定整个演练工作的时间进度计划。

②演练设计。演练策划团队应根据演练计划要求，进行演练场景设置，初步明确演练的组织形式、人员组成、场地要求、人员物资保障。

③演练保障。在演练的策划阶段，演练策划团队下设的保障部，应根据演练工作的需要，对演练设计的人员、物资、器材、场地、通信设备，以及演练的安全进行全方位分析，制订详细的保障计划，确保参加演练的人员对演练内容熟悉，物资、器材充足，场地满足演练需求，通信等设备正常运行，以及设置必要的安全防护措施，排查安全隐患。

(3)组织实施标准化。

演练实施阶段涉及演练开始至结束的全过程，主要活动包括演练动员与培训、演练启动、演练执行、演练终止与结束。演练的类别分为桌面演练与实战演练。

①桌面演练实施。桌面演练是利用地图、沙盘、流程图、计算机模拟、视频会议等辅助手段，针对演练情景，讨论和推演应急决策及现场处置过程的演练活动。过程包括演练导入、分组讨论、集中讨论和现场讲评。

②实战演练实施。实战演练是参演人员利用应急处置涉及的设备和物资，针对演练情景及其后续的发展情景，通过实际决策、行动和操作，完成真实应急响应行动的演练活动。实战演练营造真实的高压环境，使演练人员采取真实的应对措施。根据事先是否将演练内容、事件、地点、情景等相关信息通知演练人员，又可将实战演练分为事先有通知演练和事先无通知演练两种模式，其主要过程包括演练启动、演练执行、现场讲评。

(4)评估与总结标准化。

在演练评估与总结阶段，需要评估演练是否达到了预定目标，总结分析演练中暴露的问题，并提出改进计划。过程评估是指针对演练全过程建立评估指标和要点，由评估人员系统考核演练管理的有效性，并由参演人员提交参演反馈表，对自身和其他参演人员在演练中的任务完成情况进行反馈；在演练结束后，评估部门在全面分析演练记录及相关资料的基础上，对比参演人员表现与演练目标要求，对演练活动及其组织过程作出客观评价。演练评估报告的内容包括：演练的基本情况和特点、发现的问题与原因、经验和教训，以及改进有关工作的建议等。演练评估

的主要过程包括演练现场观察和信息收集、记录，自评和专家点评，评估组内部交换意见，编制书面评估报告。应急演练评估可以帮助演练的参演者和组织者提升相关工作的能力。对于参演者来说，通过发现演练过程中存在的问题，触发对改进工作和自我发展的有效反思，促使参演者产生准确的实际行动需求，从而逐渐积累应急处置经验，提高解决实际问题的能力。对于演练组织者而言，通过反思演练组织过程中存在的问题和可改进的方面，不断完善应急演练的流程与方法，提高应急演练的实用性和适用性，能够提升其应急演练组织能力。

附　　录

附录一　国网宁夏电力有限公司大面积停电桌面演练工作流程

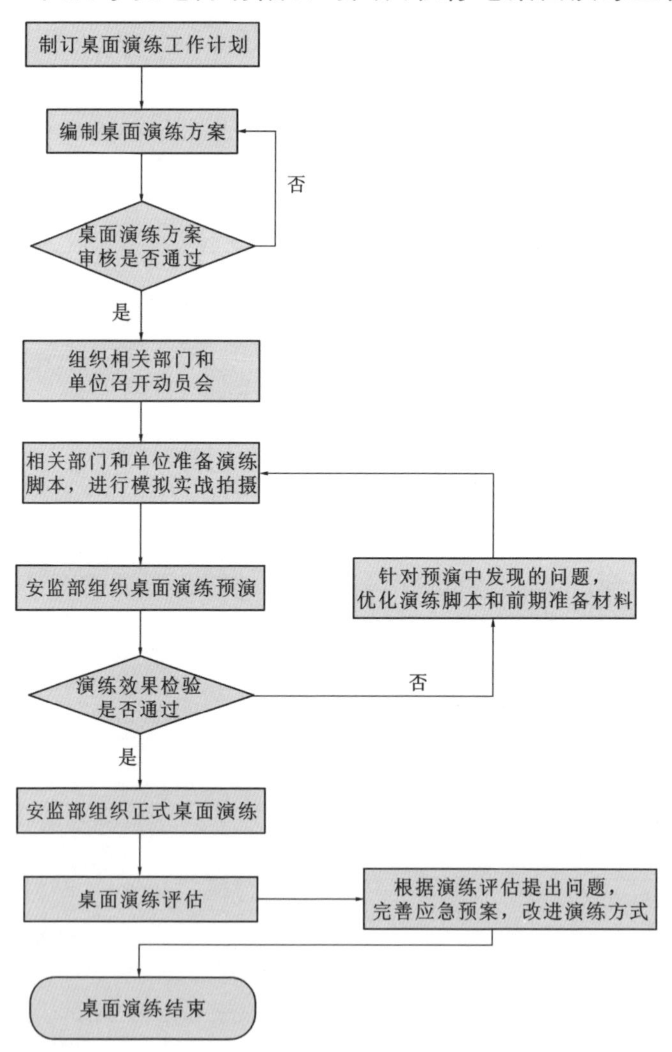

附录二　国网宁夏电力有限公司大面积停电实战演练工作流程

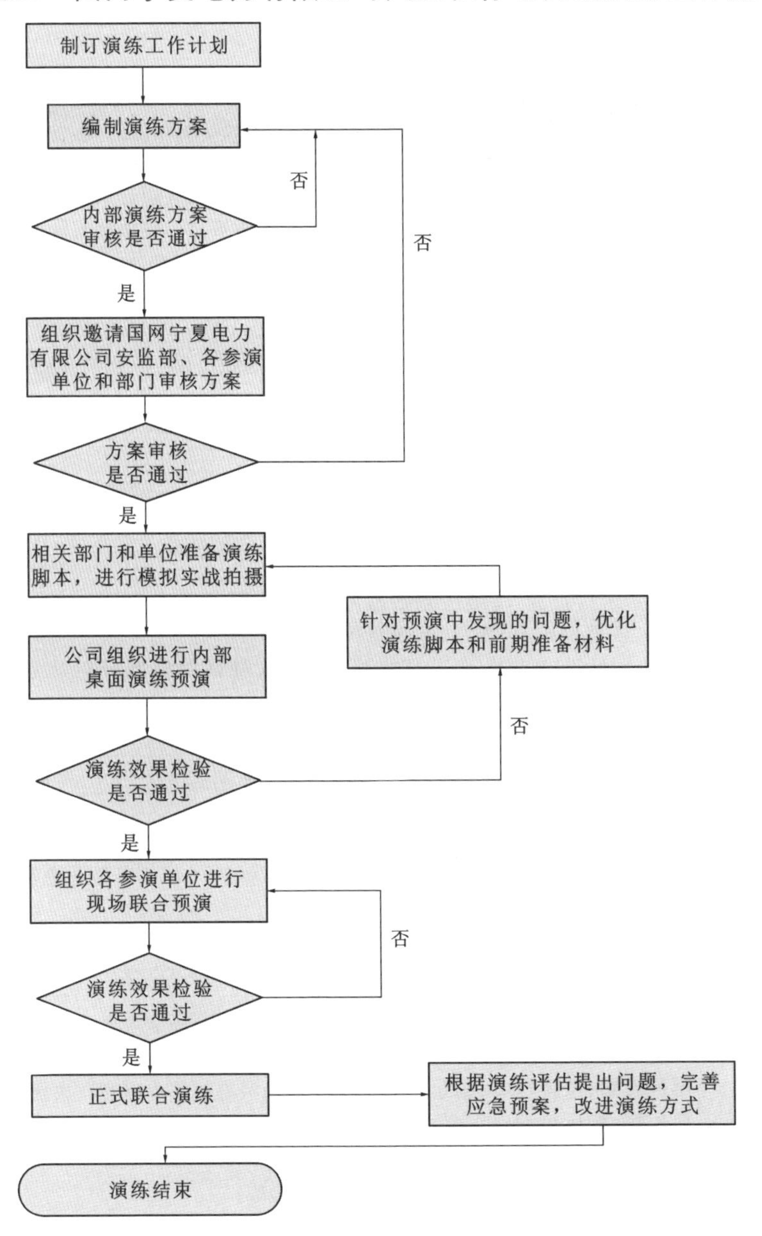

附录三　国网宁夏电力有限公司大面积停电事件应急演练观摩人员用评估表

评价指标	标准分/分	指标含义	评分标准	得分/分
情景构建	10	应按照突发事件的发展演化规律及应急处置关键环节，设置情景事件发生的时间、地点、波及范围以及变化趋势等，要结合地域和季节特点，选取典型自然灾害(7 分)	演练情景设置切合实际(7 分)； 演练情景设置较切合实际(5 分)； 演练情景设置部分切合实际(2 分)； 演练情景设置完全不切实际(0 分)	
		演练情景设置要素应科学、合理，演练过程中采取的预警、应急响应、决策与指挥、处置与救援、保障与恢复、信息发布等应急行动与应对措施符合应急预案要求(3 分)	演练情景设置要素科学、合理(3 分)； 演练情景设置要素较科学、合理(2 分)； 演练情景设置要素有缺失(0 分)	
科目设置	20	演练科目设置应科学、合理，对照大面积停电事件应急预案和相关专项预案进行设置，一般应包括监测预警、预警发布、预警行动、信息报告、先期处置、响应启动、指挥协调、应急处置、后期处置、社会沟通与舆论引导等科目(10 分)	演练科目设置非常科学、合理(10 分)； 演练科目设置较科学、合理(6 分)； 演练科目设置部分科学合理(2 分)； 演练科目设置过于简单(0 分)	
		演练科目之间逻辑性较强，根据演练科目与场景，设计引导视频、图片和旁白，内容设计充实，并且预案要求的应急响应部门要有响应行动(10 分)	演练科目之间逻辑性非常强(10 分)； 演练科目之间逻辑性较强(6 分)； 演练科目之间存在部分逻辑关系(2 分)； 演练科目之间逻辑性不强(0 分)； 演练科目内容空泛(－5 分)	
演练实施	40	演练实施的环节包括监测预警、预警发布、预警行动、信息报告、先期处置、响应启动、指挥协调、应急处置、后期处置、社会沟通与舆论引导等，各环节内容应完整、全面(5 分)	演练实施的环节内容非常完整、全面(5 分)； 演练实施的环节内容较完整、全面(3 分)； 演练实施的环节内容部分完整、全面(1 分)； 演练实施的环节内容缺失较多(0 分)	

续表

评价指标	标准分/分	指标含义	评分标准	得分/分
演练实施	40	演练各环节衔接顺畅，进程流畅，可通过提前编制情景引导 PPT 等保证衔接顺畅及演练效果(10 分)	演练各环节衔接非常顺畅，进程非常流畅(10 分)； 演练各环节衔接较顺畅，进程较流畅(7 分)； 演练各环节衔接有部分卡顿，进程部分流畅(5 分)； 演练各环节衔接不是很顺畅，进程不是很流畅(3 分)； 演练各环节衔接完全不顺畅(0 分)	
		参演人员应急响应及时到位，按照应急预案规定的职责和程序开展应急处置，处置措施应科学、合理(5 分)	参演人员应急响应措施非常合理(5 分)； 参演人员应急响应措施较合理(3 分)； 参演人员应急响应措施部分合理(1 分)； 参演人员应急响应措施完全不合理(0 分)	
		演练舆情引导及时、有序，有媒体参与，未引发不良社会影响(5 分)	演练舆情引导环节非常合理，舆论引导及时，有媒体参与(5 分)； 演练舆情引导环节较合理，舆论引导及时，无媒体参与(3 分)； 演练舆情引导环节部分合理(1 分)； 演练舆情引导环节完全不合理(0 分)	
		演练的文案材料和音视频资料齐备、生动。其中文案资料包括演练方案、脚本、演练手册、参演人员手册、演练流程图、评估手册等，编制内容应科学、合理，可操作性强(3 分)	演练材料具有文案材料和音视频材料，准备非常齐全，资料生动、丰富(3 分)； 演练材料只有文案材料且资料不全(1 分)； 演练材料准备完全不齐全(0 分)	
		演练中信息传递顺畅、准确、及时，应急指挥机构、总策划、控制人员、参演人员、模拟人员等之间的消息传送可采用人工、对讲机、电话、手机、应急演练系统等方式实现，或者通过特定的声音、文字、标志、视频等方式呈现。信息传递要及时、清楚、可靠，要素应齐全(2 分)	演练中信息传递非常及时、清楚、可靠，要素齐全(2 分)； 演练中信息传递不及时、有失误(0 分)	

续表

评价指标	标准分/分	指标含义	评分标准	得分/分
演练实施	40	演练观摩效果良好，示范作用明显。视听效果好：演练场所（地）选择合理；不同角色配备不同颜色马甲；情景引导 PPT 及音视频文件制作精美；演练背景、进程等解说清晰、正确，与现场同步。导调得力：演练指挥全程，指挥控制能力强。参演人员处置科学：按照应急预案规定的职责和程序开展应急处置，方法科学、有效（10 分）	演练观摩效果非常好，示范作用非常明显（10 分）； 演练观摩效果良好，示范作用明显（8 分）； 演练观摩效果一般（5 分）； 演练观摩效果很差（0 分）	
演练保障	10	技术保障方案翔实，保障措施到位。演练过程中音视频及其他画面流程无卡顿、黑屏等问题（5 分）	技术保障非常到位（5 分）； 技术保障较到位（3 分）； 技术保障部分到位（1 分）； 技术保障不到位（0 分）	
		安全保障方案切合实际，安全措施到位。应遵循“以人为本、安全第一”的原则，演练过程中不发生人身、电网、设备和信息等安全问题（5 分）	安全保障非常到位（5 分）； 安全保障较到位（3 分）； 安全保障部分到位（1 分）； 安全保障不到位（0 分）	
演练创新	10	演练设计及实施等环节有新思路和新突破，有异于且优于同类型演练之处（5 分）	演练设计非常有新意（5 分）； 演练设计较有新意（3 分）； 演练设计无新意（0 分）	
		演练过程中有亮点，利用先进科技手段、先进理念等亮点衬托应急演练，使其达到良好的观摩效果（5 分）	演练有亮点内容（5 分）； 演练缺乏亮点内容（0 分）	
现场点评	10	现场点评及时、到位（10 分）	现场点评及时、充分，内容全面、到位（10 分）； 现场点评及时，内容较全面、到位（7 分）； 现场点评及时，内容部分到位（5 分）； 现场点评内容不到位（2 分）； 现场点评环节缺失（0 分）	
总分/分				

注：打分各项应根据实际情况酌情扣分，扣完为止。

附录四　国网宁夏电力有限公司大面积停电事件应急演练专家用评估表

评价指标	标准分/分	指标含义	评分标准	得分/分
演练组织	10	演练应以检验应急预案、锻炼应急队伍、磨合应急机制、强化应急意识、普及应急知识、完善应急准备等为目标，并具有针对性(2分)	演练目标有极强针对性(2分)； 演练目标有较强针对性(1分)； 演练目标针对性不强(0分)	
		按照“领导小组、策划导调、技术支持、后勤保障”设置组织机构，演练组织机构健全(2分)	演练组织机构非常健全(2分)； 演练组织机构较健全(1分)； 演练组织机构不健全(0分)	
		职责分工明确(2分)	职责分工非常明确(2分)； 职责分工较明确(1分)； 职责分工不明确(0分)	
		在演练实施阶段，应确定演练总指挥、策划导调组等演练指挥体系并按任务类型的不同，配备不同颜色的马甲进行角色区分(4分)	演练指挥体系非常完备(4分)； 演练指挥体系较完备(2分)； 演练指挥体系不完备(0分)	
情景构建	10	应按照突发事件的发展演化规律及应急处置关键环节，设置情景事件发生的时间、地点、波及范围以及变化趋势等，要结合地域和季节特点，选取典型自然灾害(7分)	演练情景设置切合实际(7分)； 演练情景设置较切合实际(5分)； 演练情景设置部分切合实际(2分)； 演练情景设置完全不切实际(0分)	
		演练情景设置要素科学、合理，演练过程中应采取的预警、应急响应、决策与指挥、处置与救援、保障与恢复、信息发布等应急行动与应对措施符合应急预案要求(3分)	演练情景设置要素科学、合理(3分)； 演练情景设置要素较科学、合理(2分)； 演练情景设置要素有缺失(0分)	
科目设置	10	演练科目设置应科学、合理，对照大面积停电事件应急预案和相关专项预案进行设置，一般应包括监测预警、预警发布、预警行动、信息报告、先期处置、响应启动、指挥协调、应急处置、后期处置、社会沟通与舆论引导等科目(5分)	演练科目设置非常科学、合理(5分)； 演练科目设置较科学、合理(3分)； 演练科目设置部分科学、合理(1分)； 演练科目设置过于简单(0分)	
		演练科目之间逻辑性较强，根据演练科目与场景，设计引导视频、图片和旁白，内容设计充实，并且预案要求的应急响应部门要有响应行动(5分)	演练科目之间逻辑性非常强(5分)； 演练科目之间逻辑性较强(3分)； 演练科目之间存在部分逻辑关系(1分)； 演练科目之间逻辑性不强(0分)	

续表

评价指标	标准分/分	指标含义	评分标准	得分/分
演练实施	40	演练实施的环节包括监测预警、预警发布、预警行动、信息报告、先期处置、响应启动、指挥协调、应急处置、后期处置、社会沟通与舆论引导等，各环节内容应完整、全面(5分)	演练实施的环节内容非常完整、全面(5分)； 演练实施的环节内容较完整、全面(3分)； 演练实施的环节内容部分完整、全面(1分)； 演练实施的环节内容缺失较多(0分)	
		演练各环节衔接顺畅，进程流畅，可通过提前编制情景引导PPT等保证衔接顺畅及演练效果(10分)	演练各环节衔接非常顺畅，进程非常流畅(10分)； 演练各环节衔接较顺畅，进程较流畅(7分)； 演练各环节衔接有部分卡顿，进程部分流畅(5分)； 演练各环节衔接不是很顺畅，进程不是很流畅(3分)； 演练各环节衔接完全不顺畅(0分)	
		参演人员应急响应及时到位，按照应急预案规定的职责和程序开展应急处置，处置措施应科学、合理(5分)	参演人员应急响应措施非常合理(5分)； 参演人员应急响应措施较合理(3分)； 参演人员应急响应措施部分合理(1分)； 参演人员应急响应措施完全不合理(0分)	
		演练舆情引导及时、有序，有媒体参与，未引发不良社会影响(5分)	演练舆情引导环节非常合理，舆论引导及时，有媒体参与(5分)； 演练舆情引导环节较合理，舆论引导及时，无媒体参与(3分)； 演练舆情引导环节部分合理(1分)； 演练舆情引导环节完全不合理(0分)	
		演练的文案材料和音视频资料齐备、生动。其中文案资料包括演练方案、脚本、演练手册、参演人员手册、演练流程图、评估手册等，编制内容应科学、合理，可操作性强(3分)	演练材料具有文案材料和音视频材料，准备非常齐全，资料生动丰富(3分)； 演练材料只有文案材料且资料不全(1分)； 几乎没有演练材料(0分)	

续表

评价指标	标准分/分	指标含义	评分标准	得分/分
演练实施	40	演练中信息传递顺畅、准确、及时,应急指挥机构、总策划、控制人员、参演人员、模拟人员等之间的消息传送可采用人工、对讲机、电话、手机、应急演练系统等方式实现,或者通过特定的声音、文字、标志、视频等方式呈现。信息传递要及时、清楚、可靠,要素要齐全(2分)	演练中信息传递非常及时、清楚、可靠,要素齐全(2分); 演练中信息传递不及时、有失误(0分)	
		演练观摩效果良好,示范作用明显。视听效果好:演练场所(地)选择合理;不同角色配备不同颜色马甲;情景引导PPT及音视频文件制作精美;演练背景、进程等解说清晰、正确,与现场同步。导调得力:演练指挥全程,指挥控制能力强。参演人员处置科学:按照应急预案规定的职责和程序开展应急处置,方法科学、有效(10分)	演练观摩效果非常好,示范作用非常明显(10分); 演练观摩效果良好,示范作用明显(8分); 演练观摩效果一般(5分); 演练观摩效果很差(0分)	
演练保障	10	技术保障方案翔实,保障措施到位。演练过程中音视频及其他画面流程无卡顿、黑屏等问题(5分)	技术保障非常到位(5分); 技术保障较到位(3分); 技术保障部分到位(1分); 技术保障不到位(0分)	
		安全保障方案切合实际,安全措施到位。应遵循“以人为本、安全第一”的原则,演练过程中不发生人身、电网、设备和信息等安全问题(5分)	安全保障非常到位(5分); 安全保障较到位(3分); 安全保障部分到位(1分); 安全保障不到位(0分)	
演练创新	10	演练设计及实施等环节有新思路和新突破,有异于且优于同类型演练之处(5分)	演练设计非常有新意(5分); 演练设计较有新意(3分); 演练设计无新意(0分)	
		演练过程中有亮点,利用先进科技手段、先进理念等亮点衬托应急演练,使其达到良好的观摩效果(5分)	演练有亮点内容(5分); 演练缺乏亮点内容(0分)	

续表

评价指标	标准分/分	指标含义	评分标准	得分/分
总结评估	10	演练资料及时归档、备案。归档资料包括应急演练方案、演练脚本、应急演练评估报告、应急演练总结报告等文字资料,以及记录演练实施过程的相关图片、视频、音频等资料(3分)	演练资料及时归档(3分); 演练资料未及时归档(0分)	
		演练信息按规定及时上报,信息上报时限及要求:(1)重要的大型综合应急演练要在演练后5个工作日内上报上级单位及公司总部;(2)中型跨区域联合应急演练要在演练后1个月内上报上级单位及区域电网主管单位;(3)小型应急演练要在季度汇报中向上级单位上报演练相关信息(3分)	演练信息按要求及时上报(3分); 演练信息未按要求及时上报(0分)	
		演练总结评估工作及时、到位。主办单位应在演练结束后10个工作日内形成演练总结报告。演练总结报告的内容包括演练基本情况和特点、演练主要收获和经验、暴露出的问题和原因分析、经验和教训、改进工作建议等(4分)	演练总结评估工作到位(4分); 演练总结评估工作不到位(0分)	
总分/分				

注:打分各项应根据实际情况扣分,扣完为止。

附录五　国网宁夏电力有限公司大面积停电事件应急演练参加人员现场反馈表

国网宁夏电力有限公司大面积停电事件应急演练参加人员现场反馈表

演练名称：________________________　演练日期：______________

参加人姓名：________________　职务：________________________

单位(部门)：____

演练中的角色：参演人员__________　工作人员__________

第1部分：参加人员评价

请对以下关于演练的说法给出你的评价，按1～5打分，1表示非常不同意这种说法，5表示非常同意这种说法。

需要评价的方面	非常不同意	较不同意	一般	较同意	非常同意
1.本次演练的策划组织工作到位，演练效果突出	1	2	3	4	5
2.本次演练的情景、演练科目设置科学、合理，有针对性	1	2	3	4	5
3.本次演练的文案材料和音视频资料齐备、生动	1	2	3	4	5
4.演练的工作人员对应急演练流程非常熟悉	1	2	3	4	5
5.演练的各项保障措施比较到位	1	2	3	4	5
6.本次演练的观摩、学习效果突出	1	2	3	4	5
7.参演人员专业素质较强，应急响应及时、到位	1	2	3	4	5
8.本次演练使演练单位发现了应急工作中的问题和不足，提升了应急能力	1	2	3	4	5
9.本次演练具有一定的创新性	1	2	3	4	5
10.本次演练后，演练单位应该可以有效应对演练情景所模拟的突发事件	1	2	3	4	5

第2部分：演练反馈

请就如何对这次演练以及未来的演练作出改善和强化提出你的建议。

____

____

____

____

参 考 文 献

[1] 王永明.完善与发展重大突发事件情景构建技术方法的核心问题[J].中国安全生产科学技术,2019,15(2):5-9.

[2] 张磊,王延章,陈雪龙,等.面向突发事件应急决策的情景建模方法[J].系统工程学报,2018,33(1):1-12.

[3] 陆继锋,曹梦彩.FEMA对美国应急管理教育的贡献与启示[J].防灾科技学院学报,2017,19(4):45-53.

[4] 尚敬福.大面积停电应急关键理论及技术研究[D].北京:华北电力大学,2009.

[5] 于雷.区域电网电力应急管理与评估研究[D].北京:华北电力大学,2010.

[6] 杨雯哲.电网大面积停电应急管理问题与对策研究:以广州"10.04"事件为例[D].广州:华南理工大学,2018.

[7] 蒙海军.国内外电网大面积停电的规律统计及应急体系评价[D].北京:华北电力大学,2008.

[8] 张一凡.政企联动视角下重庆市电网大面积停电事故公共危机管理研究[D].长春:长春工业大学,2020.

[9] 沈琴.广东省电网大面积停电危机管理研究[D].广州:华南理工大学,2018.

[10] 刘宇峰.基于电网灾变大面积停电事故中"黑启动"方案的研究[D].石家庄:河北科技大学,2019.

[11] 朱荩予.突发事件情景构建与预案管理[C]//"决策论坛——企业管理模式创新学术研讨会"论文集(下),2017.

[12] 杜栋,庞庆华.现代综合评价方法与案例精选[M].北京:清华大学出版社,2005.